江苏气候服务手册

主编　项　瑛　蒋　薇

气象出版社
China Meteorological Press

图书在版编目（C I P）数据

江苏气候服务手册 / 项瑛，蒋薇主编. -- 北京 ：
气象出版社，2023.9
ISBN 978-7-5029-8049-8

Ⅰ. ①江… Ⅱ. ①项… ②蒋… Ⅲ. ①气象服务－江
苏－手册 Ⅳ. ①P451-62

中国国家版本馆CIP数据核字(2023)第177156号

Jiangsu Qihou Fuwu Shouce

江苏气候服务手册

出版发行：气象出版社

地　　址：北京市海淀区中关村南大街 46 号　　**邮政编码**：100081

电　　话：010-68407112(总编室)　010-68408042(发行部)

网　　址：http://www.qxcbs.com　　**E-mail**：qxcbs@cma.gov.cn

责任编辑：张　媛　　**终　　审**：张　斌

责任校对：张硕杰　　**责任技编**：赵相宁

封面设计：艺点设计

印　　刷：北京建宏印刷有限公司

开　　本：787 mm×1092 mm　1/16　　**印　　张**：8

字　　数：160 千字

版　　次：2023 年 9 月第 1 版　　**印　　次**：2023 年 9 月第 1 次印刷

定　　价：70.00 元

#《江苏气候服务手册》
编 委 会

主　　编： 项　瑛　蒋　薇

编写成员： 肖　卉　许遐祯　王珂清　魏晓奕　许　琪
卢　鹏　张祎玮　杨　杰　吴奕霄　程　婷
吕　军　王　平　王　美

编写指导： 严明良　唐红昇　高　苹　王啸华

序

江苏地处亚热带和暖温带的气候过渡地带，兼受西风带、副热带和低纬东风带天气系统的影响，地势平坦，一般以淮河、苏北灌溉总渠一线为界，以北地区属暖温带湿润、半湿润季风气候；以南地区属亚热带湿润季风气候。江苏拥有超过 1000 km 长的海岸线，海洋对它的气候有着显著的影响。在太阳辐射、大气环流以及特定的地理位置、地貌特征的综合影响下，江苏自然环境优越，气候资源丰富，特别是风能和太阳能资源开发利用前景广阔，为该省经济社会的可持续发展提供了非常有利的条件。

江苏基本气候特点鲜明，气候温和、四季分明、季风显著、冬冷夏热、春温多变、秋高气爽、雨热同季、降水量充沛、降水集中、梅雨显著、光热充沛。气象灾害频发，种类多、影响面广，主要气象灾害有暴雨洪涝、台风、强对流（雷暴、冰雹、龙卷、雷雨大风等）、雨雪冰冻、大风、干旱、高温、低温冻害、雾、霾、连阴雨等，加之江苏经济发达，人口稠密，各类气象灾害带来的影响和造成的经济损失比较严重，而且还会诱发其他衍生灾害。在全球气候变暖的大背景下，江苏气候特征也发生了明显的变化，气候变化带来的影响也越来越显著。加强对江苏气候的研究，探明天气气候变化机理，提升气候预测水平，对增强全社会应对气候变化、防灾减灾和风险管理能力以及推进生态文明建设等工作提供坚实而准确的科学依据。

《江苏气候服务手册》首次从气候系统特征的观点阐述江苏主要气候特征、气候资源及气候灾害等内容，应用最新的数据资料和科研成果，资料翔实，内容丰富，理论性、针对性和实用性强，具有较高的实践指导作用，对政府决策部门有参考和启示意义，可供气象、地理、环境、生态、农林、建筑、旅游等领域从事科研和业务的专业技术人员参考，也为进一步开展江苏气候变化评估及其影响提供了良好的基础。

丁一汇

2023 年 7 月

前　言

气候是大气的长期状态，即大气长时间内气象要素和天气现象的平均或统计状态。作为人类生产生活和发展进步的重要自然条件之一，在全球气候变暖的背景下，江苏气候近百年来发生了显著的变化，受气候变化和环境脆弱的双重影响，气象灾害的发生频次、强度和时空分布等特征发生明显变化，气候变化影响涉及百姓生活、人类健康、生态环境、水资源、粮食生产、经济发展、大型工程建设、城乡规划等，应对气候变化已成为各级政府和社会各行业关注的热点，生态环境和社会经济生产对气候的依赖日益显著。

21 世纪以来，现代气候学从科学理论和技术方法上都有了重大发展，人类应对和适应气候变化的意识和措施都有了很大的提升。为了提高全社会防灾减灾能力，亟须一部能够全面反映江苏最新气候特征、气候资源、气象灾害及气候预测技术信息的参考书。

《江苏气候服务手册》以全省 13 个地区（市）70 个气象站自建站至 2022 年地面气象观测资料为基础数据，结合近年来江苏自动气象站资料，全面阐述了该省气候特征、灾害时空分布特点及监测预测技术。全书共分为 4 章。第 1 章江苏气候概况，阐述了江苏气候的形成、气候的影响和气候的认知等基础内容；第 2 章江苏主要气象要素及高影响天气特征，主要阐述了气温、降水、高温、暴雨、梅雨、台风的主要气候要素和高影响天气特征；第 3 章江苏主要气象灾害特征，分析了江苏主要气象灾害事件的时空变化特征，利用气象灾害损失率描述气象灾损的演变，陈述了暴雨洪涝、台风、强对流（雷暴、冰雹、龙卷、雷雨大风等）、雨雪冰冻、大风、干旱、高温、低温冻害、雾、霾、连阴雨 11 种类别的产生重大影响的灾害个例；第 4 章江苏气候预测业务服务，全面描述了气候预测业务内容、业务流程、特色气候预测客观方法效果分析及重大气候预测服务实例。

《江苏气候服务手册》注重将科学性、权威性和科普性相结合，力求做到图文并茂、通俗易懂。它体现了对江苏气候的新认识，也融合了近年来气候监测、预测及评估所取得的最新业务和科研成果，体现了新技术、新方法、新理念，将为社会各界了解气候、适应气候、利用气候、保护气候提供科学支撑。

本书难免有疏漏和欠缺之处，敬请广大读者不吝指正，同时特别感谢江苏省气象局及各业务单位、院校的大力支持，衷心感谢本书引用的参考文献作者和为本书做出贡献的同仁专家。

作者

2023 年 6 月

目　录

第1章

江苏气候概况

江苏省位于亚洲大陆东岸中纬度地带，属东亚季风气候区，处在亚热带和暖温带的气候过渡地带。江苏省地势平坦，介于30°45′～35°08′N，116°21′～121°56′E，一般以淮河、苏北灌溉总渠一线为界，以北地区属暖温带湿润、半湿润季风气候；以南地区属亚热带湿润季风气候。江苏省拥有超过1000 km长的海岸线，海洋对江苏省的气候有着显著的影响（濮梅娟等，2017）。在太阳辐射、大气环流以及江苏省特定的地理位置、地貌特征的综合影响下，江苏省基本气候特点是：气候温和、四季分明、季风显著、冬冷夏热、春温多变、秋高气爽、雨热同季、降水量充沛、降水集中、梅雨显著、光热充沛。综合来看，江苏省自然环境优越，气候资源丰富，特别是风能和太阳能资源开发利用前景广阔，为江苏省经济社会的可持续发展提供了非常有利的条件。

由于江苏省地处中纬度的海陆过渡带和气候过渡带，兼受西风带、副热带和低纬东风带天气系统的影响，气象灾害频发，种类多、影响面广，主要的气象灾害有暴雨洪涝、台风、强对流（雷暴、冰雹、龙卷、雷雨大风等）、雨雪冰冻、大风、干旱、高温、低湿冻害、雾、霾、连阴雨等，加之江苏省经济发达、人口稠密，各类气象灾害带来的影响和造成的损失比较严重，而且还会诱发其他衍生灾害。在全球气候变暖的大背景下，江苏省气候特征发生了明显的变化，气候变化带来的影响越来越大。

（1）季风气候，四季分明

气候学通常将候平均气温稳定≤10 ℃定义为冬季开始，稳定≥22 ℃定义为夏季开始，介于两者之间定义为春季、秋季。江苏省受季风影响，春秋较短、冬夏偏长，南北温差明显。春季平均起始时间为3月23日，平均长度为65 d左右；夏季平均起始时间为5月27日，平均长度为121 d；秋季平均起始时间为9月25日，平均长度为58 d；冬季平均起始时间为11月22日，平均长度为121 d。江苏省北部和南部在季节起止时间上有比较明显的差别，一般淮北地区和苏南地区会相差1周左右。

全省年平均气温在14.2～17.2 ℃，分布为自南向北递减，全省年平均气温最高值出现在南部的苏州，最低值出现在北部的响水。全省冬季平均气温为3.9 ℃，各地的极端最低气温通常出现在冬季的1月或2月，极端最低气温为−23.4 ℃（宿迁，1969年2月5日）；全省夏季平均气温为26.5 ℃，各地极端最高气温通常出现在盛夏的7月或8月，极端最高气温为42.2 ℃（宜兴，2022年8月15日）；全省春季平均气温为15.0 ℃；秋季平均气温为17.3 ℃，春秋两季的气候相对温和。

（2）降水丰沛，雨热同季

全省年降水量为756.8～1391.1 mm，江淮中部到洪泽湖以北地区降水量少于1000 mm，以南地区降水量在1000 mm以上，降水量分布是南部多于北部，沿海多于内陆。年降水量最多的地区在江苏最南部的宜溧山区，最少的地区在西北部的丰县。单站年最多降水量出现在2016年兴化，为2423.2 mm，年最少降水量出现在1988年丰县，为352.0 mm。与同纬度地区相比，江苏省雨水充沛，南北差异不大，年际变化小。

全年降水量季节分布特征明显，其中夏季降水量集中，基本占全年降水量的一半，冬季降水量最少，占全年降水量的1/10左右，春季和秋季降水量各占全年降水量的20%左右。受东亚季风影响，6月、7月淮河以南地区进入梅雨期，梅雨期降水量常年平均值大部分地区在258 mm左右；一般江淮梅雨开始之后的1周左右，淮北地区进入“淮北雨季”，此时往往是江苏省暴雨频发、强降水集中的时段。

（3）气候资源，优越丰富

气候资源主要指太阳能、风能、热量、水分等几方面的资源，这不仅是自然资源的重要组成部分，也是人类及一切生物赖以生存所不可缺少的条件，更是经济社会可持续发展必需的条件。

江苏省太阳辐射年总量在4013～5040 MJ/m^2，淮北地区在4718 MJ/m^2以上，苏南地区在4452 MJ/m^2以下，最大值在淮北东北部地区，最小值在太湖周围地区。全省年日照时数为1759～2316 h，由北向南递减。风能是重要的气候资源，在江苏省开发利用的潜力巨大，尤其是东部沿海，部分地区年平均风速可达5 m/s以上，年风能有效小时数可达6019 h，年平均风功率密度可达190 W/m^2。沿江（长江）、沿湖（太湖、洪泽湖、高邮湖、骆马湖等）地区风能也具有一定的开发潜力。

（4）灾害频发，影响严重

江苏省气象灾害种类较多、影响范围较广，是我国气象灾害发生比较频繁的省份之一，主要气象灾害有暴雨洪涝、强对流、雷电等。全省气象灾害四季均有发生。例如，春季主要有低温阴雨，初夏有暴雨洪涝，盛夏有高温干旱、台风，秋季有大雾及连阴雨，冬季有低温冻害和寒潮等，这些气象灾害在全省各地都可能发生。

各类气象灾害的发生对农、林、牧、渔、交通、工业等各方面都有较大的影响。江苏省人口稠密、城镇密集、经济发达、交通运输繁忙，气象灾害的发生往往会造成巨大的经济损失和人民群众生命财产的损失，同时还会引发其他类型的衍生灾害，例如，交通拥堵、电网故障、疾病流行、农业病虫害发生等。

(5)气候变化，加强应对

在全球气候变化大背景下，江苏省气候变化也比较明显。一是气候变暖。例如，1961—2021年，全省年平均气温升高了1.68 ℃，其中2021年(16.8 ℃)为有记录以来年平均气温最高的一年，特别是冬季气温升高幅度最大，≤0 ℃的低温日数明显减少。二是气象灾害的发生频次、强度和时空分布等特征有明显变化。例如，暴雨洪涝、雷电、大雾、霾等灾害发生的频次和强度有增加趋势；部分灾害的时空分布特征发生变化，如近年来淮河流域易发生洪涝，部分地区的小雨日数减少、大雨以上日数增加等。三是气候变化影响日益显著。气候变化带来的影响越来越广、越来越重，涉及百姓生活、人类健康、生态环境、水资源、粮食生产、经济发展、大型工程建设、城乡规划等，应对气候变化已成为各级政府部门和社会各行业关注的热点。

第 2 章 江苏主要气象要素及高影响天气特征

2.1 气温

2.1.1 年平均气温

1991—2020 年江苏省平均气温平均值为 15.7℃。图 2.1 为 1991—2020 年江苏省平均气温分布，各站常年平均气温为 14.2（赣榆）～17.2 ℃（苏州），分布趋势是自南向北降低，南

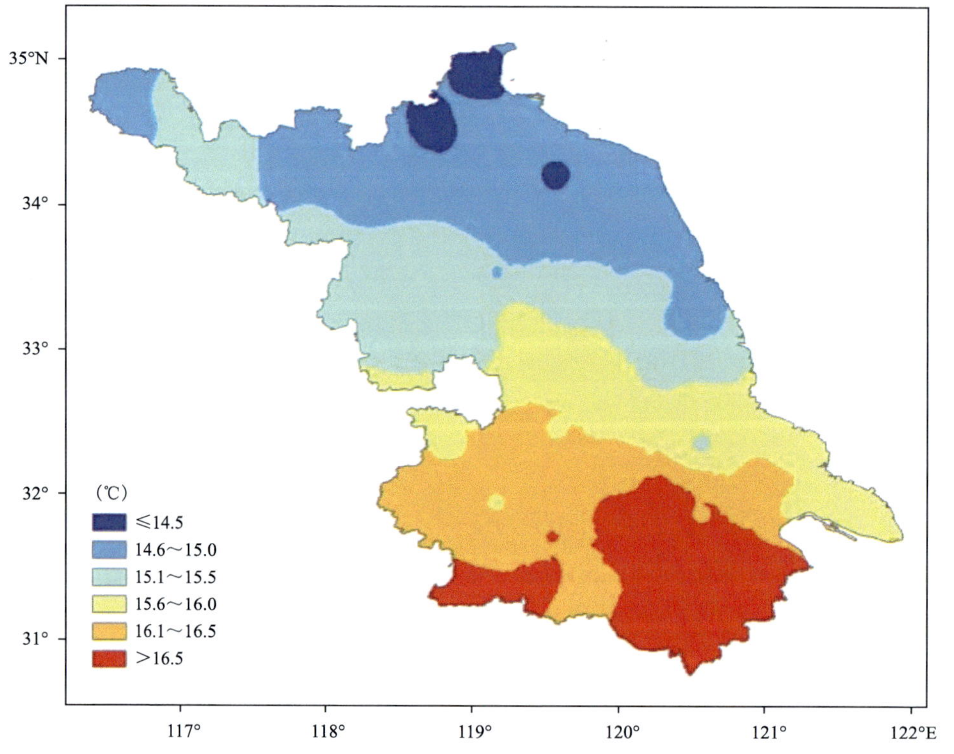

图 2.1 1991—2020 年江苏省平均气温分布

北温差较东西大。全省多年平均气温最低出现在东北部的赣榆地区，最高出现在南部的苏州及南京南部地区。常年四季平均气温中，苏州市夏季平均气温最高，连云港市冬季平均气温最低(表 2.1)。

表 2.1 1991—2020 年江苏省四季平均气温 单位：℃

	春季	夏季	秋季	冬季
徐州	15.7	26.8	16.1	2.7
连云港	14.3	25.9	16.4	2.5
宿迁	15.0	26.2	16.1	2.7
淮安	14.5	26.0	16.4	3.1
盐城	14.1	26.0	16.9	3.4
扬州	15.7	27.0	17.6	4.3
泰州	15.0	26.6	17.5	4.3
南通	14.8	26.6	18.2	5.0
南京	15.9	27.1	17.7	4.7
镇江	15.5	26.9	17.8	4.7
常州	15.8	27.3	18.3	5.1
无锡	15.9	27.4	18.5	5.4
苏州	16.2	27.6	19.2	6.0

2.1.2 气候季节

张宝堃(1934)提出的依据物候现象划分气候季节的指标为：日平均气温稳定通过 10 ℃为春季的开始，稳定通过 22 ℃为夏季的开始。为统计资料方便并与通常概念接轨，本书中其他章节内容所用的春、夏、秋、冬四季，仍依次按 3—5 月、6—8 月、9—11 月、12 月至次年 2 月划分。

图 2.2 是按照以上张宝堃(1934)提出的方法划分的江苏省四季日数变化分布，2011—2020 年(近 10 年)四季日数较 1991—2020 年(常年值)有所不同，其中近 10 年春季、冬季日数较常年值有所减少，夏季、秋季日数较常年值则有所增加。其中冬季日数减少最多，达到

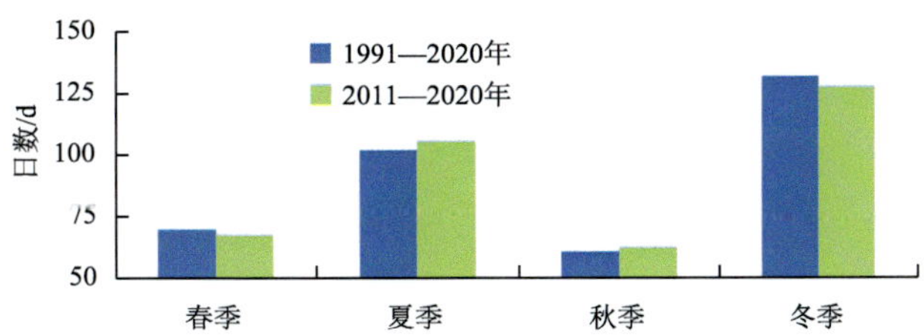

图 2.2 2011—2020 年和 1991—2020 年江苏省四季日数变化

4 d,夏季日数增加最多,为 4 d。从四季起始日看,近 10 年春季、夏季起始日有所提前,春季起始日提前 1 d,夏季起始日提前 3 d,秋季、冬季起始日则较常年值有所推后,其中秋季推迟 1 d,冬季推迟 3 d(表 2.2)。

表 2.2　1991—2020 年和 2011—2020 年江苏省四季起始日变化

	1991—2020 年	2011—2020 年
春季	3 月 29 日	3 月 28 日
夏季	6 月 7 日	6 月 4 日
秋季	9 月 17 日	9 月 18 日
冬季	11 月 17 日	11 月 20 日

2.1.3　气温年较差和日较差

一年中最高月平均气温与最低月平均气温之差,称为气温年较差。1961—2021 年江苏省气温年较差平均值在 22.2(1999 年)～30.6 ℃(1964 年),1991—2020 年平均气温年较差为 25.7 ℃。从 1961 年以来演变趋势分析看,平均气温年较差呈下降趋势,下降速率约为 0.3 ℃/10 a(图 2.3)。根据全省常规气象站观测数据显示,气温年较差极大值出现在 1964 年的邳州站,达到 33.5 ℃,气温年较差极小值出现在 2002 年的吕泗站,为 20.9 ℃。

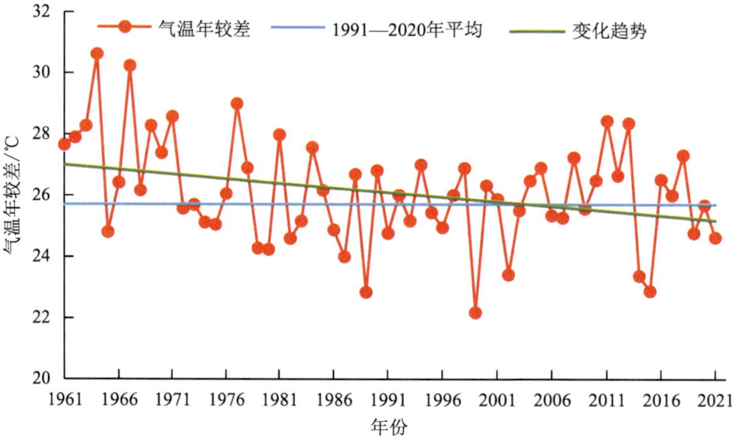

图 2.3　1961—2021 年江苏省平均气温年较差逐年变化趋势

气温日较差是一天中气温最高值与最低值之差。1961—2021 年江苏省气温日较差平均值在 7.8(1985 年、1989 年、2000 年、2003 年)～9.4 ℃(1962 年),1991—2020 年平均气温日较差为 8.2 ℃。从 1961 年以来演变趋势分析看,平均气温日较差呈下降趋势,下降速率约为 0.1 ℃/10 a(图 2.4)。根据全省常规气象站观测数据显示,气温日较差极大值出现在 1963 年的泗洪站,达到28.6 ℃,气温日较差极小值为 0.4 ℃,出现频次较多,分别出现于 1952 年、1961 年、1984 年、1989 年、2018 年这 5 个年份多个站点,且苏南多于苏北。

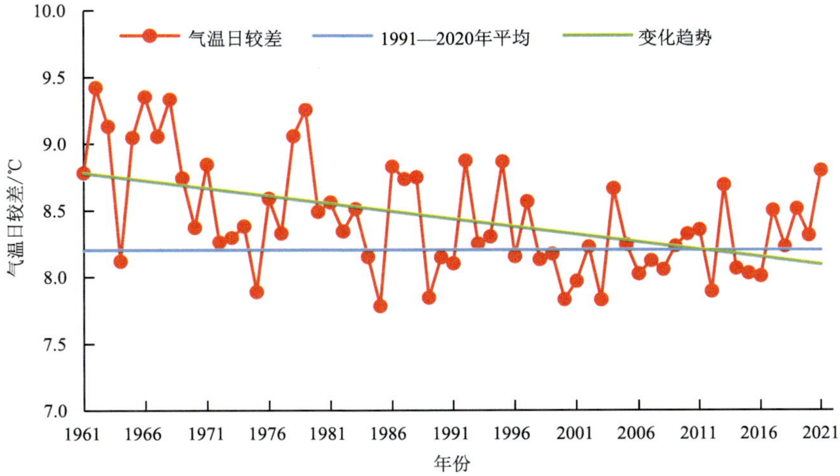

图 2.4　1961—2021 年江苏省平均气温日较差逐年变化

2.1.4　气温变化

1961—2021 年江苏省年平均气温在 13.9（1969 年）～16.8 ℃（2021 年），年平均气温呈明显上升趋势，上升速率达到 0.3 ℃/10 a（图 2.5）。近 10 年以来，年平均气温均大于或等于 1991—2020 年平均气温（15.7 ℃）。2021 年达到 16.8 ℃，是 1961 年以来年平均气温最高的一年。

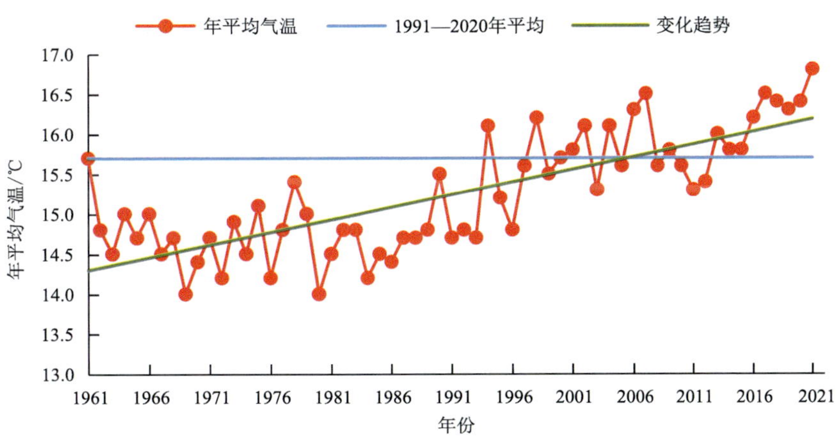

图 2.5　1961—2021 年江苏省年平均气温逐年变化

江苏省 1 月是全年最冷月，其中连云港 1 月平均气温最低，为 0.5 ℃，7 月是江苏省全年最热月，其中苏州 7 月平均气温最高，为 28.5 ℃（表 2.3）。

表 2.3　1961—2021 年江苏省各市月平均气温

单位:℃

	1月	2月	3月	4月	5月	6月	7月	8月	9月	10月	11月	12月
徐州	0.6	3.1	8.7	15.3	21.0	25.4	27.4	26.6	22.0	16.0	8.9	2.6
连云港	0.5	2.5	7.7	14.0	19.7	23.9	26.8	26.6	22.1	16.4	9.3	2.7
宿迁	0.6	2.9	8.2	14.6	20.2	24.5	27.0	26.5	21.8	16.1	9.2	2.8
淮安	1.1	3.0	7.9	14.1	19.6	24.0	27.0	26.5	21.9	16.3	9.7	3.3
盐城	1.5	3.2	7.6	13.7	19.2	23.5	27.0	26.8	22.4	16.8	10.3	3.8
扬州	2.3	4.2	8.9	15.1	20.6	24.5	27.9	27.6	23.0	17.3	10.9	4.5
泰州	2.3	4.1	8.5	14.4	19.9	24.0	27.6	27.3	22.9	17.3	11.0	4.6
南通	3.2	4.6	8.6	14.3	19.7	23.7	27.7	27.5	23.3	17.9	12.0	5.6
南京	2.7	4.7	9.4	15.5	20.9	24.7	28.1	27.8	23.2	17.5	11.0	4.8
镇江	2.8	4.5	9.0	15.1	20.4	24.4	27.9	27.6	23.2	17.7	11.4	5.1
常州	3.2	4.9	9.3	15.3	20.7	24.6	28.4	28.0	23.5	18.0	11.8	5.5
无锡	3.4	5.0	9.3	15.2	20.5	24.4	28.4	28.0	23.5	18.0	12.0	5.7
苏州	3.8	5.4	9.5	15.3	20.9	24.3	28.5	28.1	23.9	18.5	12.6	6.3

2.2　降水

2.2.1　年平均降水量

1991—2020 年江苏省年平均降水量为 1061.9 mm。图 2.6 给出了 1961—2021 年江苏省年平均降水量变化趋势，最大值出现在 2016 年，为 1528.5 mm，最小值出现在 1978 年，为 652.2 mm。年际变化较大，20 世纪 80—90 年代以及近 10 年出现两段明显的增加趋势。

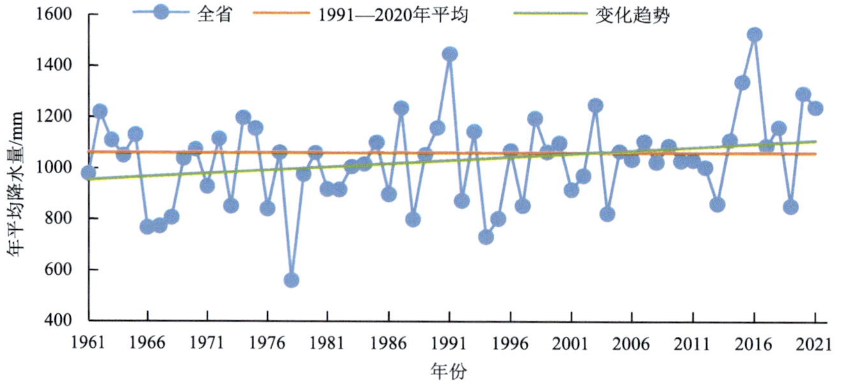

图 2.6　1961—2021 年江苏省年平均降水量变化趋势

2.2.2 四季降水量

图 2.7～图 2.10 分别为 1961—2021 年江苏省四季降水距平百分率变化趋势。可以看出，春季呈逐渐减少趋势，夏季、冬季呈明显增加趋势，秋季无明显的增加或减少。从时间变化上看，春、夏、冬三季降水量均以 1990 年前后为界开始出现明显减少或增加的趋势。

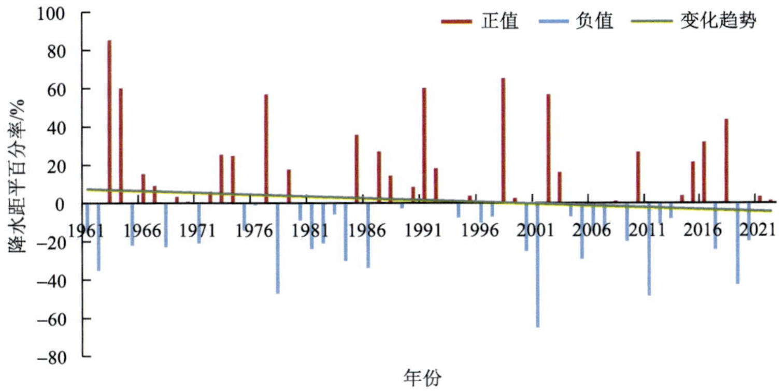

图 2.7 1961—2021 年江苏省春季降水距平百分率变化趋势

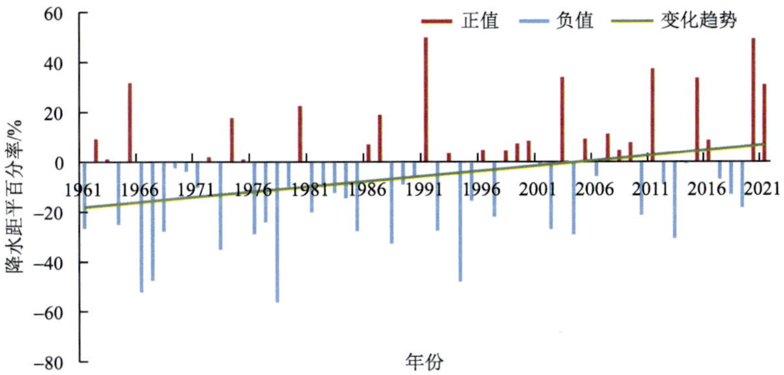

图 2.8 1961—2021 年江苏省夏季降水距平百分率变化趋势

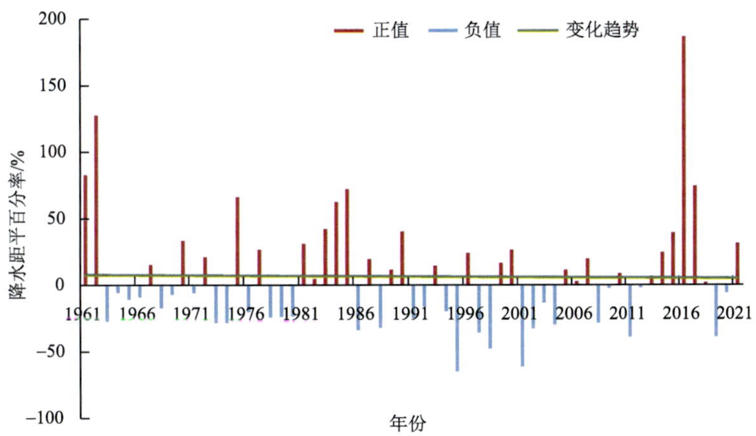

图 2.9 1961—2021 年江苏省秋季降水距平百分率变化趋势

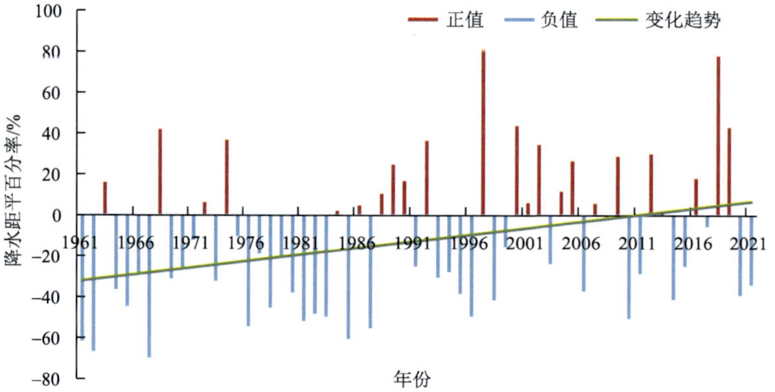

图 2.10　1961—2021 年江苏省冬季降水距平百分率变化趋势

2.2.3　降水日数

1961—2021 年江苏省平均降水日数在 82(1978 年)～126 d(1985 年),常年(1991—2020 年)平均值为 108.1 d。图 2.11 给出了 1961—2021 年江苏省平均降水日数变化趋势,总体呈减少趋势,年间降水日数差异较大。

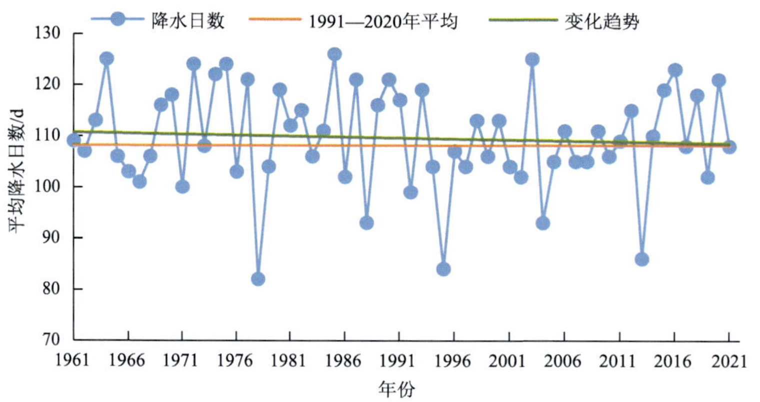

图 2.11　1961—2021 年江苏省平均降水日数变化趋势

2.2.4　降水距平百分率

1961—2021 年江苏省降水距平百分率在－47.2%(1978 年)～43.7%(2016 年)。通过图 2.12 中年降水距平百分率的演变趋势可以看出,降水距平百分率年际变化较大,共 27 个年份降水距平百分率>0,33 个年份降水距平百分率<0,个别年降水距平百分率超过 40%(1978 年、2016 年)。

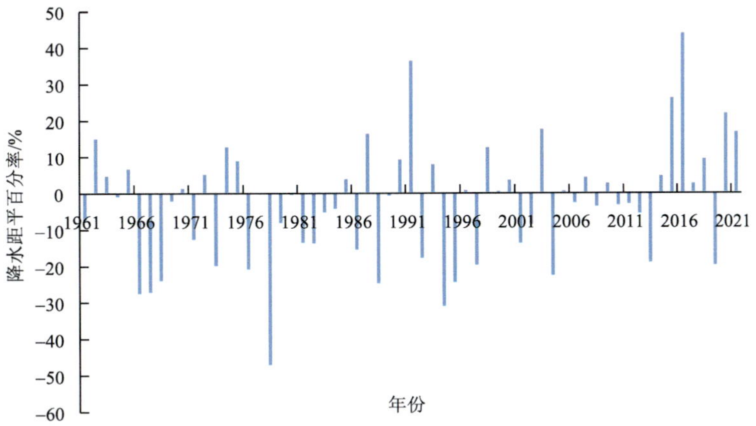

图 2.12　1961—2021 年江苏省降水距平百分率

2.2.5　极端日最大降水量及小时降水量

1951—2021 年江苏省日最大降水量为 699.7 mm，出现在 2000 年 8 月 30 日响水站，为江苏省有气象观测记录以来单站日最大降水量极值。对 1951—2021 年江苏省历年各站日最大降水量按由大到小排序后，取前 50 个数据进行分析（表 2.4），所对应的区域：江淮地区有 20 个，平均日最大降水量为 335.3 mm，苏南地区有 15 个，平均日最大降水量为 286.8 mm，淮北地区有 15 个，平均日最大降水量为 298.0 mm。

表 2.4　1951—2021 年江苏省 50 个日最大降水量及相应站名

站名	日最大降水量/mm	站名	日最大降水量/mm	站名	日最大降水量/mm
响水	699.7	邳州	310.2	灌云	266.8
通州	507.1	高淳	307.8	新沂	265.7
响水	497.8	浦口	301.4	金坛	265.3
西连岛	432.2	常熟	298.0	连云港	264.4
如东	392.5	通州	295.3	洪泽	263.7
丰县	345.4	东山	291.8	射阳	263.2
苏州	343.1	南通	287.1	镇江	262.5
沛县	340.7	高邮	287.1	句容	259.9
大丰	334.7	扬中	287.0	仪征	259.6
吴江	333.5	如皋	286.4	东台	257.3
泗阳	322.3	沭阳	284.7	灌南	257.1
江都	319.0	灌南	279.5	吴江	256.6
徐州	315.4	丹阳	279.4	宿迁	253.9
句容	314.5	扬中	277.3	仪征	252.9
东台	314.3	仪征	274.6	金坛	250.8
吕四	314.0	金坛	274.6	扬州	249.0
泰兴	312.2	丰县	267.9		

1951—2021 年江苏省 1 h 最大降水量为 169.4 mm，出现在 2019 年 7 月 18 日如皋站。图 2.13 给出了 1951—2021 年江苏省 1 h 最大降水量分布，1 h 最大降水量超过 100 mm 的站点主要集中在江淮北部地区。1951—2021 年全省有 30 个 1 h 最大降水量(表 2.5)，统计后按区域分布为：江淮地区有 25 个、淮北地区有 17 个、苏南地区有 8 个。综上所述，江淮地区出现短时强降水的强度及频次都高于淮北和苏南地区。

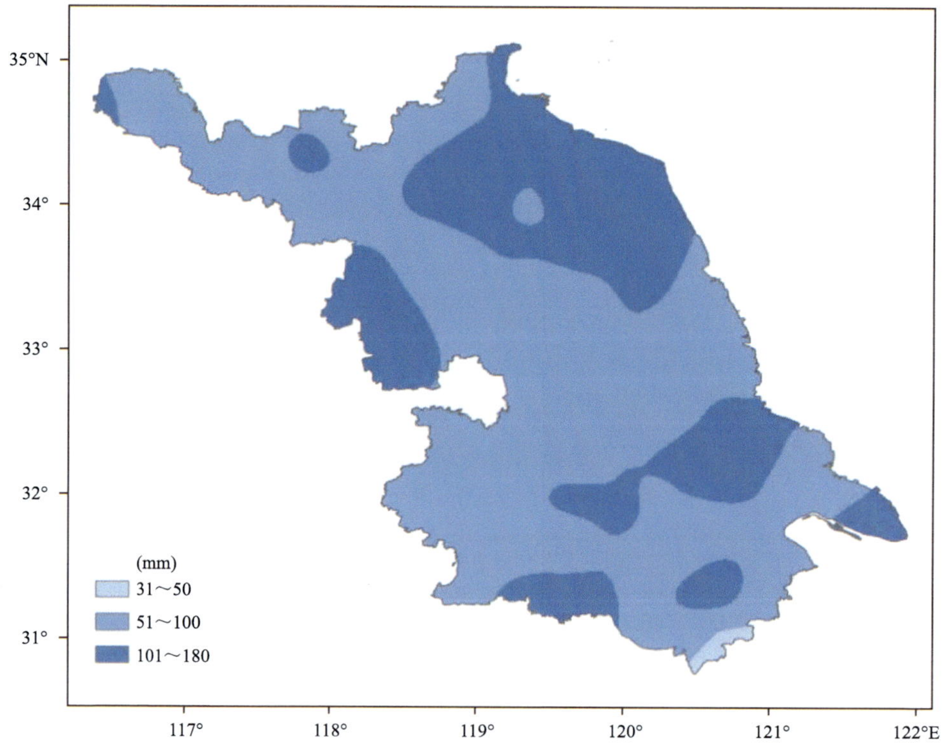

图 2.13　1951—2021 年江苏省 1 h 最大降水量分布

表 2.5　1951—2021 年江苏省 30 个 1 h 最大降水量及相应站名

站名	1 h 最大降水量/mm	站名	1 h 最大降水量/mm	站名	1 h 最大降水量/mm
如皋	169.4	如皋	115.6	宜兴	106.7
响水	147.2	如皋	115.3	盐城	106.4
西连岛	142.0	盱眙	113.6	常州	106.4
灌云	138.5	金坛	112.5	苏州	105.4
响水	134.4	沭阳	111.8	南通	104.7
泗洪	122.4	连云港	110.7	滨海	104.0
苏州	121.8	阜宁	110.0	滨海	103.0
溧阳	121.2	沭阳	108.9	涟水	102.8
阜宁	117.9	滨海	108.9	溧阳	102.7
丹阳	117.0	启东	106.9	邳州	102.2

2.2.6　最长连续降水日数和最长连续无降水日数

1961—2021年江苏省最长连续降水日数23 d，出现在大丰站及宝应站，时间为2003年6月30日—7月22日。最长连续无降水日数85 d，出现在沛县站，时间为1969年10月1日—12月24日。1961—2021年江苏省平均最长连续降水日数7.7 d，最长连续无降水日数29.5 d。图2.14、图2.15分别给出了1961—2021年江苏省平均最长连续降水、无降水日数变化趋势，均呈减少趋势。最长连续无降水日数在20世纪90年代之前年间波动较大，90年代之后波动明显减小，2000年后多处于平均线以下。

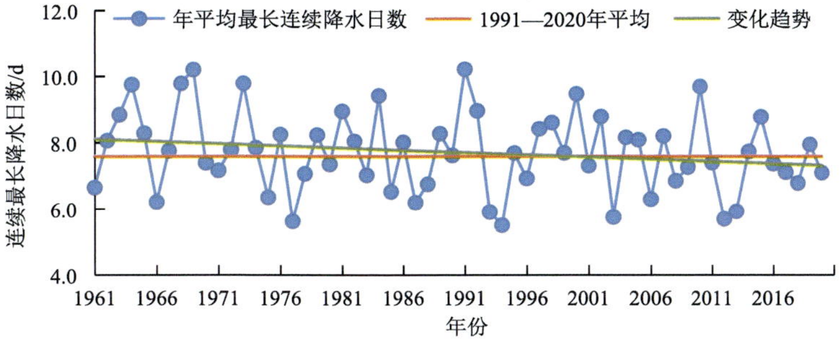

图2.14　1961—2021年江苏省平均最长连续降水日数变化趋势

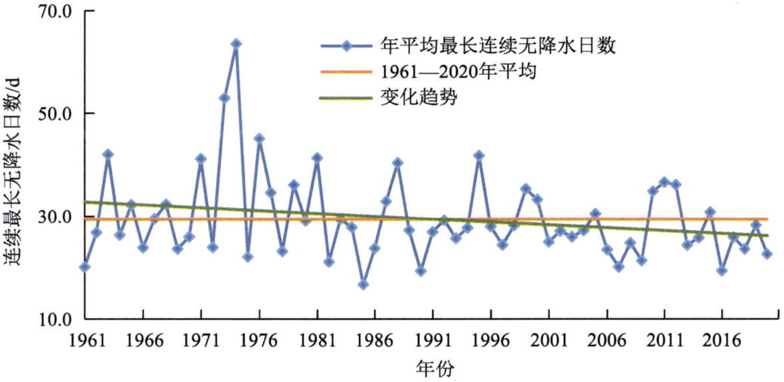

图2.15　1961—2021年江苏省平均最长连续无降水日数变化趋势

2.3　高温

2.3.1　高温日数

江苏省年平均高温日数的平均值为11.2 d，从空间分布来看，西南地区高温日数高于东北部地区，其中高值区在江苏省西部，东部沿海一带较内陆少，高淳站高温日数最多，为23.5 d，西连岛站高温日数最少，仅为2 d（图2.16）。

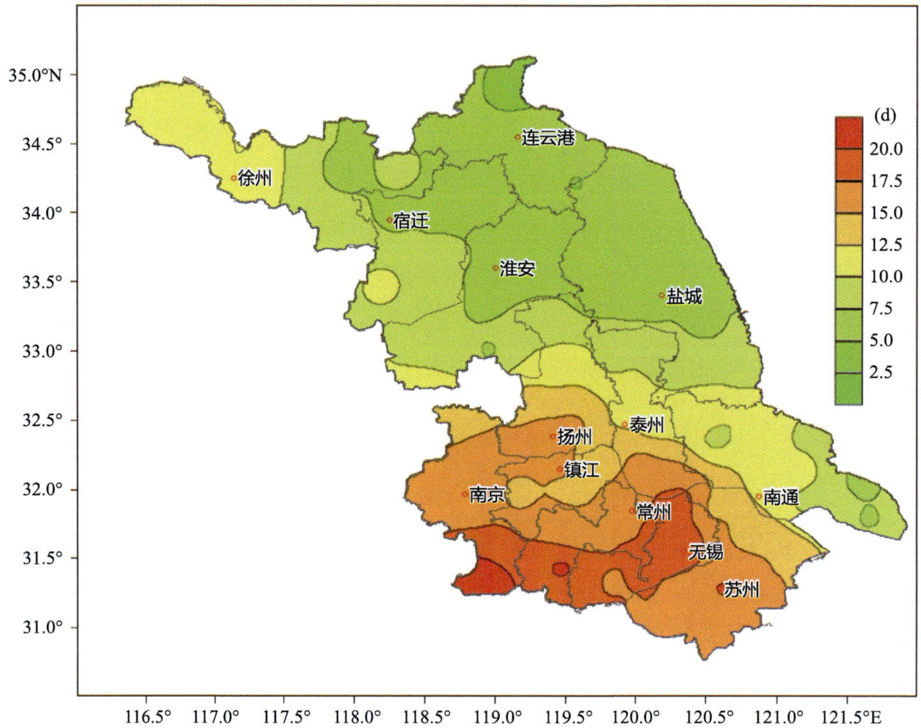

图 2.16 1991—2020 年江苏省年平均高温日数分布

1961—2021 年，全省高温日数呈增加趋势，高温日数平均每 10 年增加 1.3 d。高温日数年代际变化趋势为波动性上升，20 世纪 60 年代、70 年代的高温日数年际变化幅度较大，70—90 年代中期高温日数相对较少；90 年代后期高温日数增加明显(图 2.17)。

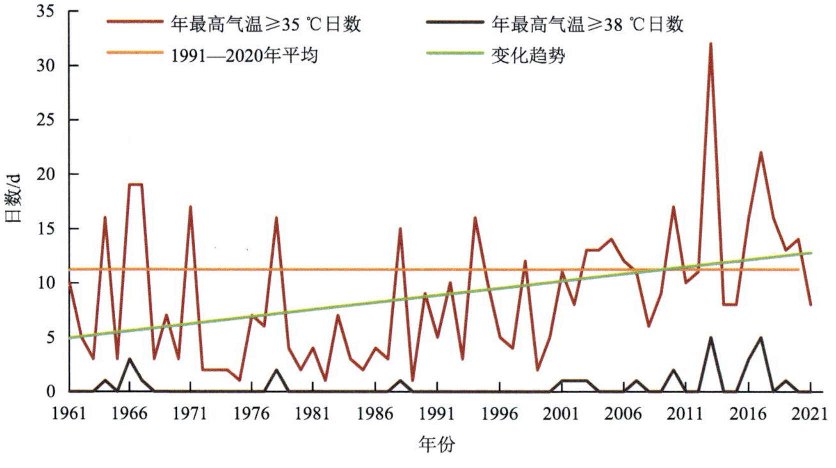

图 2.17 1961—2021 年江苏省年平均高温日数变化趋势

2.3.2 极端最高气温

江苏省极端最高气温基本呈现西高东低、南高北低分布。徐州、南京、苏州等地极端最高气温高达 40.5 ℃，其中溧水的极端最高气温为 41.6 ℃，为全省最高；盐城、淮安等部分地区极端最高气温低于 39 ℃，涟水的极端最高气温为 38.2 ℃（图 2.18）。

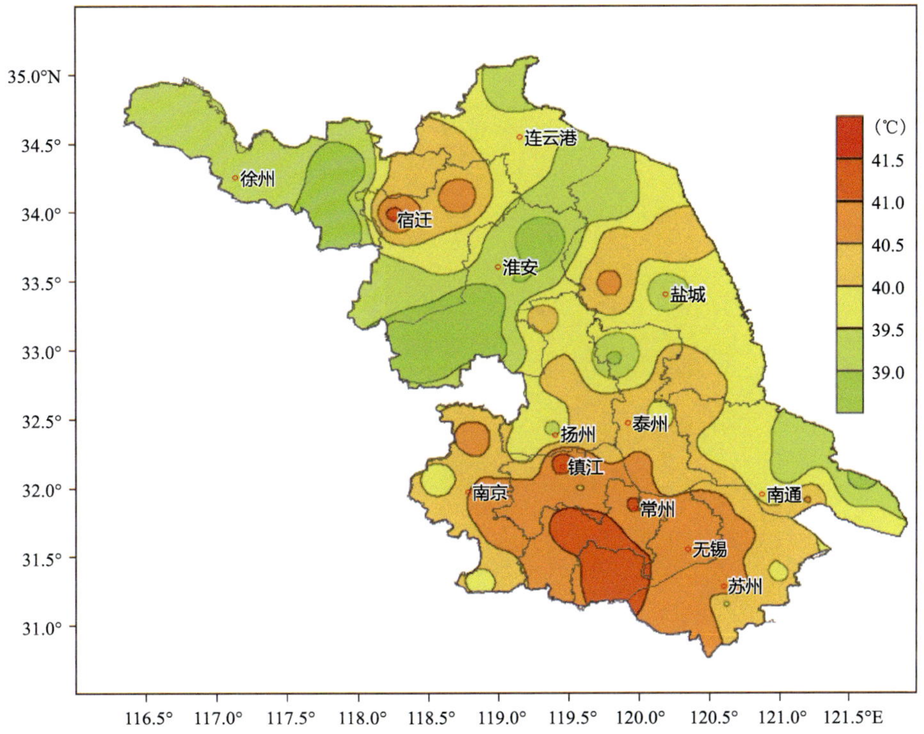

图 2.18 建站至 2021 年江苏省年极端最高气温极值分布

1961—2021 年，极端最高气温多年平均值为 39.2 ℃，极端最高气温总体呈轻微上升趋势，平均每 10 年升高 0.2 ℃，年际变化幅度较大，20 世纪 60 年代、70 年代和 2000 年以后的高温事件相对较多，极端最高气温值也较高，2013 年出现了历年最高值，为 41.6 ℃，2002 年次之，为 41.3 ℃（图 2.19）。

2.3.3 高温综合强度评估模型及等级

本书定义高温综合强度指数（HTI）来对高温过程进行评价分级，其中高温过程是指日最高气温≥35 ℃的连续过程。该综合指数包括了高温过程的极端最高气温（ET）、平均最高气温（MT）和持续时间（LT），指标值通过上述三个过程指数的加权综合得到，以江苏省各站高温过程序列数据为基础，采用主成分分析方法计算生成，具体流程如图 2.20 所示。

统计各站的高温过程，日最高气温持续≥35 ℃的作为一个过程，最小过程应为 1 日，每个过程取 ET、MT 和 LT 序列，以过程为单位，并做标准化处理，将得到的 3 列新序列进行主

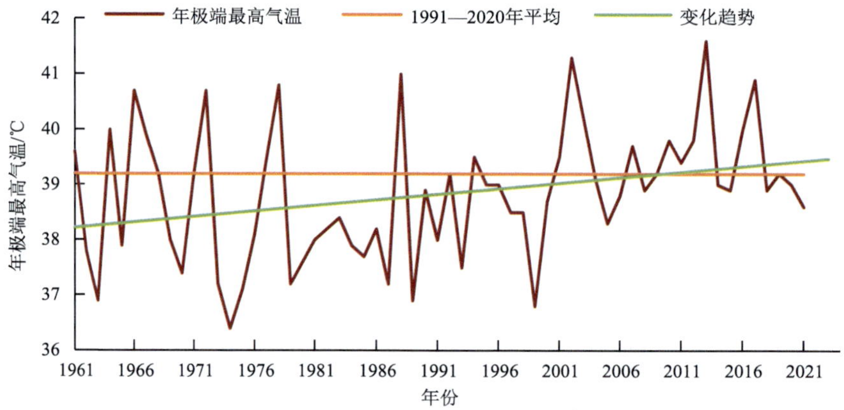

图 2.19　1961—2021 年江苏省年极端最高气温变化趋势

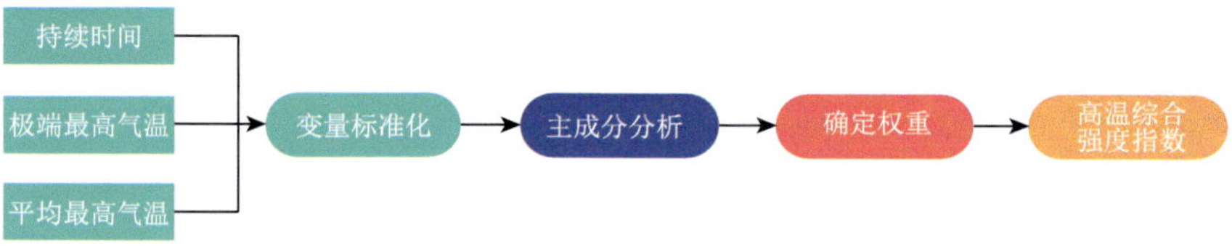

图 2.20　高温综合强度指数权重确定流程

成分分析。根据第一主成分的系数进行均一化，利用加权综合法得到江苏省高温综合强度指数(HTI)的计算公式为：

$$\mathrm{HTI} = 0.32\mathrm{LT} + 0.3528\mathrm{ET} + 0.152\mathrm{MT}$$

利用该公式计算全省各站所有高温过程的综合强度指数(LT、ET 和 MT 均为标准化之后的数据)，并进行汇总排序，采用百分位数法确定高温综合强度等级阈值(表 2.6)。

表 2.6　高温综合强度等级阈值

级别	阈值对应的百分位数	高温综合强度指数	对应情况
1	$x<50\%$	HTI<−0.21	一级高温，气温较高，人体感觉热，不舒适，适当降温防暑
2	$50\%\leqslant x<70\%$	−0.21≤HTI<0.17	二级高温，午后应减少户外活动，户外作业人员应当采取一定的防护措施
3	$70\%\leqslant x<85\%$	0.17≤HTI<0.66	三级高温，人体感觉炎热，很不舒适，减少不必要的外出活动，户外作业人员应当采取必要的防护措施
4	$85\%\leqslant x<95\%$	0.66≤HTI<1.53	四级高温，避免在高温时段进行户外活动，高温条件下作业的人员应当缩短连续工作时间；注意防范因用电量过高，以及电线、变压器等电力负载过大而引发火灾
5	$x\geqslant 95\%$	HTI≥1.53	五级高温，对老、弱、病、幼人群采取保护措施，停止户外露天作业，有关部门和单位按照职责采取防暑降温应急措施，注意防火

2.4　暴雨

近年来在全球气候变暖的大背景下，极端气候事件增多趋强，中国暴雨呈现年代际暴雨雨量、雨日和雨强增加的趋势(史培军 等，2014)，降水量与不同等级降水日数气候变化有着密切的相关关系，长江流域夏季洪涝灾害发生的频率与暴雨出现的频数呈现正相关，历史上出现的洪涝年份均对应暴雨较多的特征，降水集中区主要出现在长江中下游，如湖南、安徽、湖北、江苏等地(于文金 等，2012，2013；王芬 等，2015)。江苏省大部分地区地势平坦开阔，山地少，河流纵横，地下水位较高，而暴雨又是江苏省主要的灾害性天气之一，是引起洪涝灾害的最直接原因，尤其是大范围、连续性暴雨，极易造成洪涝灾害，给人们的生命财产带来重大损失。不同量级、不同范围的暴雨，其灾害程度也不同。

2.4.1　暴雨日数

江苏省暴雨日数常年平均值为 3.6 d。江苏省暴雨主要集中在 6—8 月，暴雨日数占全年的 73.6%，尤其又以 7 月为最多，东部型厄尔尼诺发展年份较中部型厄尔尼诺年份的环流形势更有利于导致江苏省夏季降水偏多(陶诗言 等，1962；陈汉耀，1957；项瑛 等，2020；龚道溢 等，2002；董文杰，1996；赵振国 等，2008)。暴雨日数分布较不均匀，总的分布特点为苏北多于苏南，淮北西北部及苏南东部最少。其中最少为沛县(2.8 d)，最多为宜兴(4.4 d)(图 2.21)。

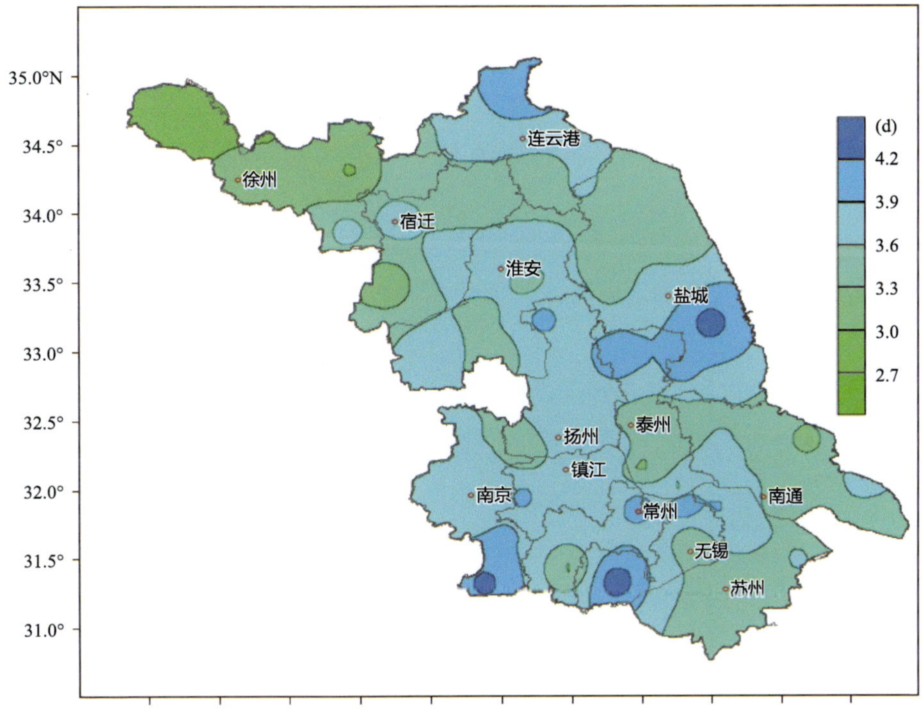

图 2.21　1991—2020 年江苏省年平均暴雨日数分布

1961—2021 年，各地区暴雨的年代际变化有一定差异，频发期为 20 世纪 60 年代和 20 世纪 90 年代之后，尤其是 90 年代以来，全省暴雨增多趋势明显，且 2011 年之后雨带明显南移，2020 年出现两条雨带，北部暴雨明显增多。暴雨日数总体呈增加趋势，平均每 10 年增加 0.2 d。1978 年暴雨日数最低，仅有 1 d；2016 年暴雨日数最多，为 6.6 d(图 2.22)。

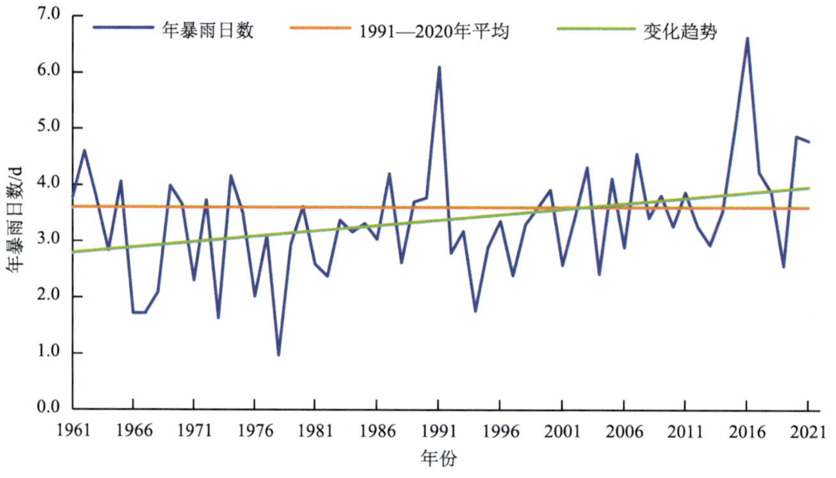

图 2.22　1961—2021 年江苏省年暴雨日数变化趋势

2.4.2　区域性暴雨过程

单站暴雨日的定义

单站暴雨日：单个国家级气象观测站日降水量≥50 mm 的雨日。

区域性暴雨日、区域性暴雨过程的定义

区域性暴雨日：江苏省国家级气象观测站中，至少 3 个站(占总站数的 5%)达单站暴雨日的雨日。

区域性暴雨过程：区域性暴雨日持续天数至少 1 d 的过程或者间断 1 d 且间断日江苏省 69 个国家级气象观测站日降水量满足以下条件之一：①至少 1 个站达暴雨及以上；②至少 5 个站达大雨及以上。

区域性暴雨过程的开始日：区域性暴雨过程首个区域性暴雨日。

区域性暴雨过程的结束日：区域性暴雨过程最后一个区域性暴雨日。

区域性暴雨过程的持续时间：区域性暴雨过程的开始日至结束日的天数。

2.4.3　区域性暴雨过程综合强度评估模型及等级

(1)最大过程雨强指数

区域性暴雨过程中，目标区国家级气象观测站的过程雨量最大值定义为该暴雨过程的最大过程雨强指数(I_{pre})。其计算公式如下：

$$I_{pre} = \max_{i=1}^{N}(P_i)$$

式中，P_i 为第 i 个站的过程雨量，N 为目标区国家级气象观测站中出现降雨的站数（不重复计数）。

（2）最大单日雨强指数

区域性暴雨过程中，目标区国家级气象观测站日降水量最大值定义为该暴雨过程的最大单日雨强指数（$\mathrm{I24}_{pre}$），其计算公式如下：

$$\mathrm{I24}_{pre} = \max_{i=1}^{N}(\mathrm{P24}_i)$$

式中，$\mathrm{P24}_i$ 为第 i 个站的最大日降水量（20 时至次日 20 时），N 为目标区国家级气象观测站中出现降雨的站数（不重复计数）。

（3）暴雨范围指数

区域性暴雨过程中，目标区国家级气象观测站中出现单站暴雨日的站数（不重复计数）定义为该暴雨过程的暴雨范围指数（I_{cov}）。

（4）暴雨持续时间指数

区域性暴雨过程的开始日至结束日总天数定义为该暴雨过程的暴雨持续时间指数（I_{day}）。

（5）各评估指标的等级划分

分别基于 1961—2010 年所有区域性暴雨过程的最大过程雨强指数、最大单日雨强指数、暴雨范围指数和暴雨持续时间指数 4 个评估指标历史序列，计算各序列的第 60%、第 80%、第 90%、第 95%和第 98%对应的百分位数；以各序列的上述 5 个百分位数作为阈值划分出 6 个等级，从而确定各场区域性暴雨过程 4 个评估指标的等级，分别标记为 G_{pre}、$\mathrm{G24}_{pre}$、G_{cov} 和 G_{day}；不同百分位范围对应的等级见表 2.7。

表 2.7　不同百分位范围与等级对应

等级	0	1	2	3	4	5
百分位	$P<60\%$	$60\%\leqslant P<80\%$	$80\%\leqslant P<90\%$	$90\%\leqslant P<95\%$	$95\%\leqslant P<98\%$	$P\geqslant 98\%$

（6）区域性暴雨过程综合强度评估模型

采用最大过程雨强指数、最大单日雨强指数、暴雨范围指数和暴雨持续时间指数 4 个指数为评估指标，建立区域性暴雨过程强度评估模型，得到各暴雨过程的强度指数。以某一指标序列与其余 3 个指标序列之间相关系数的平均值占所有指标间相关系数平均值总和的比值作为该指标的权重系数。区域性暴雨过程综合强度评估模型公式如下：

$$I_{rain}=A\times G_{pre}\times R_{pre}+B\times \mathrm{G24}_{pre}\times \mathrm{R24}_{pre}+C\times G_{cov}\times R_{cov}+D\times G_{day}\times R_{day}$$

式中，I_{rain} 为区域性暴雨过程综合强度指数；G_{pre}、$\mathrm{G24}_{pre}$、G_{cov} 和 G_{day} 分别是区域最大过程降水量、区域最大日降水量、区域暴雨范围和区域暴雨持续时间 4 个指标的评估等级；R_{pre}、$\mathrm{R24}_{pre}$、R_{cov} 和 R_{day} 分别是标准化后的 4 个指标值；A、B、C 和 D 为权重系数。

（7）区域性暴雨过程综合强度等级

对于计算得到的 1961—2010 年所有区域性暴雨过程的强度指数历史序列，采用百分位数法，分别计算第60%、第80%、第90%、第95%和第98%对应的百分位数；以上述5个百分位数为阈值，划分成6个等级，从而得到各场暴雨过程的强度等级和评估结果。不同强度等级对应的评估结果分别为：一般性(0级)、略偏强(1级)、偏强(2级)、显著偏强(3级)、异常偏强(4级)、极端事件(5级)；不同百分位范围对应的暴雨过程综合强度等级及评估结果见表2.8。不同等级暴雨强度雨量范围见表2.9。

表2.8　不同百分位范围对应的暴雨过程综合强度等级及评估结果

百分位范围	综合强度等级	综合强度评估结果
$P<60\%$	0	一般性
$60\%\leqslant P<80\%$	1	略偏强
$80\%\leqslant P<90\%$	2	偏强
$90\%\leqslant P<95\%$	3	显著偏强
$95\%\leqslant P<98\%$	4	异常偏强
$P\geqslant 98\%$	5	极端事件

表2.9　不同等级暴雨强度雨量范围　　单位：mm

天数/d	1级	2级	3级	4级	5级
1	$71.0\leqslant R<87.4$	$87.4\leqslant R<99.2$	$99.2\leqslant R<119.2$	$119.2\leqslant R<143.4$	$R\geqslant 143.4$
2	$82.3\leqslant R<103.0$	$103.0\leqslant R<123.5$	$123.5\leqslant R<147.1$	$147.1\leqslant R<175.6$	$R\geqslant 175.6$
3	$105.2\leqslant R<134.4$	$134.4\leqslant R<164.3$	$164.3\leqslant R<185.3$	$185.3\leqslant R<215.3$	$R\geqslant 215.3$
4	$117.8\leqslant R<160.9$	$160.9\leqslant R<199.7$	$199.7\leqslant R<263.3$	$263.3\leqslant R<321.1$	$R\geqslant 321.1$
5	$122.9\leqslant R<154.2$	$154.2\leqslant R<186.3$	$186.3\leqslant R<215.3$	$215.3\leqslant R<257.4$	$R\geqslant 257.4$
6	$158.0\leqslant R<192.0$	$192.0\leqslant R<222.3$	$222.3\leqslant R<278.6$	$278.6\leqslant R<331.9$	$R\geqslant 331.9$
7	$168.8\leqslant R<214.7$	$214.7\leqslant R<282.2$	$282.2\leqslant R<342.8$	$342.8\leqslant R<404.4$	$R\geqslant 404.4$
8	$189.6\leqslant R<267.1$	$267.1\leqslant R<329.3$	$329.3\leqslant R<354.2$	$354.2\leqslant R<464.3$	$R\geqslant 464.3$
9	$225.9\leqslant R<284.2$	$284.2\leqslant R<329.6$	$329.6\leqslant R<367.4$	$367.4\leqslant R<388.6$	$R\geqslant 388.6$
≥10	$235.4\leqslant R<279.7$	$279.7\leqslant R<351.4$	$351.4\leqslant R<382.4$	$382.4\leqslant R<451.2$	$R\geqslant 451.2$

2.5　梅雨

2.5.1　技术方法

根据气预函〔2014〕28号文《中国气象局预报与网络司关于印发〈梅雨监测业务规定〉的通知》中对于梅雨监测业务的有关规定(项瑛 等,2016;周曾奎,1996;张汉琳,1985;牛若芸等,2011;张琴 等,2011;徐家良,1992;李崇银 等,2008;胡景高 等,2013;蒋薇 等,2013),并结合省级天气气候业务及服务需求,在研究中采取行政分区和气候分区两种方法进行梅雨监测区域划分(图 2.23)。①地理行政分区可分为长江以南和长江以北的梅雨监测区,其中江苏在此区域内共 56 站,包括长江型(22 站)、江淮型(34 站);②气候分区:梅雨监测区域分为江南区(Ⅰ)、长江区(Ⅱ)、江淮区(Ⅲ);考虑到长江中游与下游梅雨降水的时空差异,又可将长江区划分为长江中游区(Ⅱa)和长江下游区(Ⅱb)。江苏站点主要分布在江淮区(Ⅲ)和长江下游区(Ⅱb)。

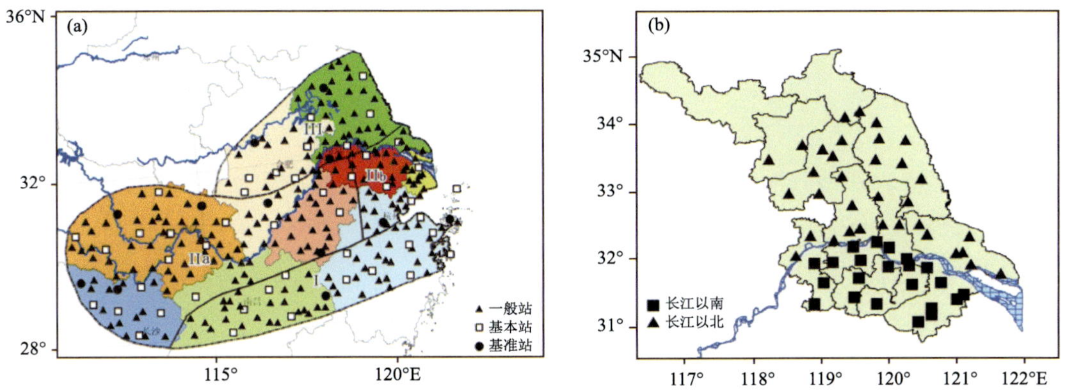

图 2.23　中国(a)及江苏省(b)梅雨监测站点分布

2.5.2　梅雨定义

(1)入(出)梅降水条件:

①雨日的确定:某日区域中有 1/3 以上监测站出现≥0.1 mm 的降水,且区域内日平均降水量≥2 mm,该日为一个雨日。

②雨期开端日的确定:从第 1 个雨日算起,往后 2 日、3 日、…、10 日中雨日数占相应时段内总日数的比例≥50%,则第一个雨日为雨期开端日。

③雨期结束日的确定:从雨期的最后 1 个雨日算起,往前 2 日、3 日、…、10 日的雨日数占相应时段内总日数的比例≥50%,则最后一个雨日为雨期结束日。

④雨期的确定:一个雨期需满足以下条件:任何连续 10 d 的雨日比例≥40%、雨日数≥6 d 且没有连续 5 d(含 5 d)以上的非雨日、站平均降水强度≥5 mm/d。一个雨期长度为该雨期的开端日到结束日所经历的日数。

⑤入梅日期确定:第一个雨期的开端日即为入梅日。

⑥出梅日期确定:最后一个雨期结束日的次日即为出梅日。

⑦梅雨期的确定:梅雨期内可以出现有一个以上的雨期,梅雨期长度为入梅日到出梅日前一天的日数。

(2)梅雨期的其他条件

①梅雨发生在南海夏季风爆发之后(5 月第 5 候),立秋(8 月 8 日左右)之后不再有新的雨期开端日。

②西北太平洋副热带高压脊线条件:梅雨期内,西北太平洋副热带高压脊线 5 d 滑动的位置一般要求满足以下条件(表 2.10)。

表 2.10 梅雨期西北太平洋副热带高压脊线活动范围

区域选择	南界(°N)	北界(°N)	备注
浙江/江西	≥18	<25	江南区同(Ⅰ)
湖南/上海/湖北 安徽/江苏长江以南	≥19	<26	中游/下游区同($Ⅱ_a$和$Ⅱ_b$)
安徽/江苏长江以北	≥20	<27	江淮区同(Ⅲ)

西北太平洋副热带高压脊线 5 d 滑动的位置有 1 候超过北界位置 2 个纬度,且没有继续出现雨日,监测区域出现高温干热天气,该区域梅雨期则结束(陈艺敏 等,2004;毛文书 等,2008;吴志伟 等,2006;马音 等,2012)。

(3) 梅雨强度

梅雨期内区域平均降水量,即区域内所有梅雨监测站的梅雨期总降水量的平均值为该区域梅雨雨强。其计算公式为:

$$P_i = \frac{1}{N}\sum_{j=1}^{N} P_{ij}$$

式中,P_i 为某区域梅雨期的雨强;P_{ij} 为某区域第 j 站的梅雨期总降水量;N 为该区域内总站数。

区域梅雨强度指数(M_i)的计算公式为:

$$M_i = \frac{L}{L_0} + \frac{\frac{(R/L)}{(R/L)_0}}{2} + \frac{R}{R_0} - 2.5$$

式中,L 为某一年梅雨期的长度(日数);L_0 为历年梅雨期的平均长度(日数);R 为某一年梅雨期内监测站总降水量;R_0 为历年梅雨期监测站总降水量的平均值;(R/L) 为梅雨期内平均日降水强度;$(R/L)_0$ 为历年梅雨期平均日降水强度的平均值。梅雨强度指数的等级划分见表 2.11。

表 2.11 梅雨强度指数的等级划分

等级	强	偏强	正常	偏弱	弱
梅雨强度指数	$M \geq 1.25$	$0.375 \leq M < 1.25$	$-0.375 < M < 0.375$	$-1.25 < M \leq -0.375$	$M \leq -1.25$

2.5.3 梅雨要素演变

江苏省位于我国东南沿海地区,地处长江、淮河下游,每年梅雨期长度、雨带位置、降水强度对江苏省有重要影响(沈金姝,1993;徐群,1998;王建新,1989;王建新 等,1994;周曾奎,1992;吴仁广 等,1994;刘芸芸 等,2008)。江苏省江淮型区域入梅日期常年为 6 月 26 日,出梅日期常年为 7 月 16 日,梅雨期长度常年为 20 d,梅雨量常年(1991—2020 年平均)值为 246.3 mm;江苏省苏南型入梅日期常年为 6 月 22 日,出梅日期常年为 7 月 14 日,梅雨期长度常年为 22 d,梅雨量常年平均为 228.9 mm。1961—2021 年,入梅与出梅日期年际变化明显,均表现为推后趋势,入梅日期平均每 10 年推后 0.2 d,出梅日期平均每 10 年推后 1 d;梅雨期长度略微增加,平均每 10 年增加 0.9 d。入梅最早年份为 1961 年、1984 年、1989 年和 1999 年,入梅日期均为 6 月 6 日;入梅最晚年份为 1965 年和 1969 年,入梅日期为 6 月 30 日,2021 年入梅日期为 6 月 13 日,入梅偏早。2021 年出梅日期为 7 月 11 日,出梅与常年接近;出梅最早为 1961 年的 6 月 17 日;2020 年是有气象记录以来出梅最晚的年份,出梅日期为 7 月 29 日。最短梅雨期出现在 1978 年,仅为 3 d;2020 年出现有气象记录以来最长梅雨期,长达 51 d(图 2.24)。

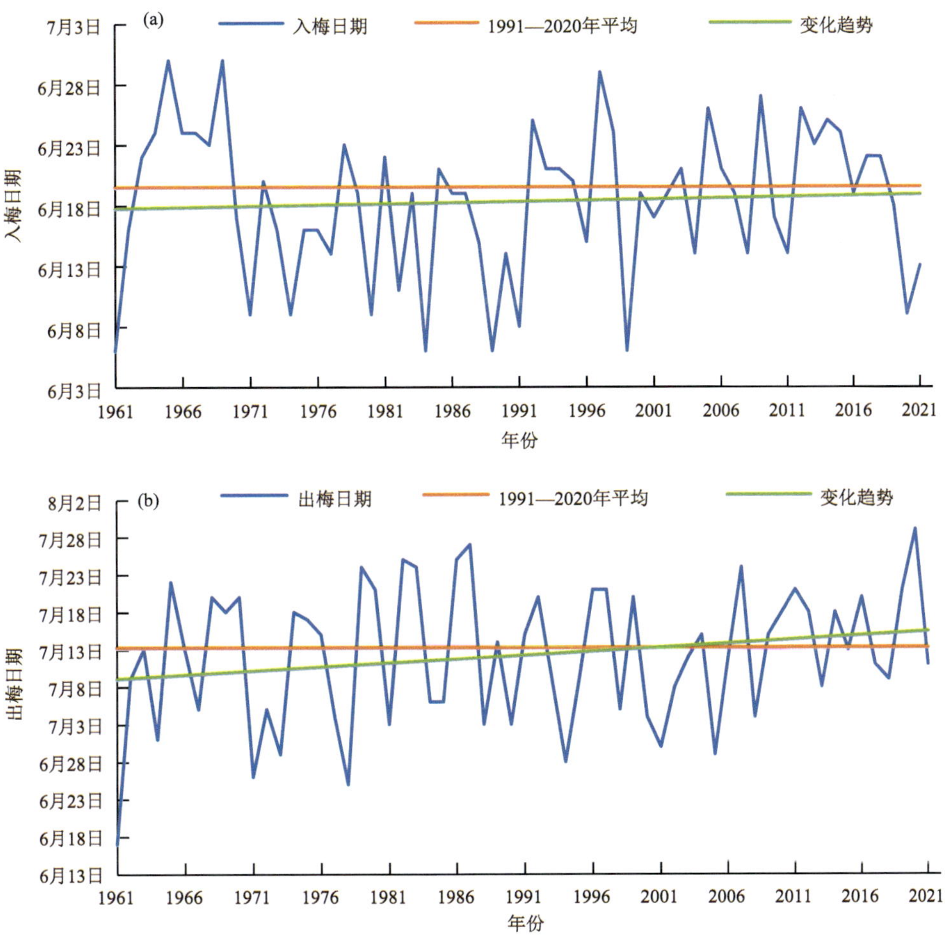

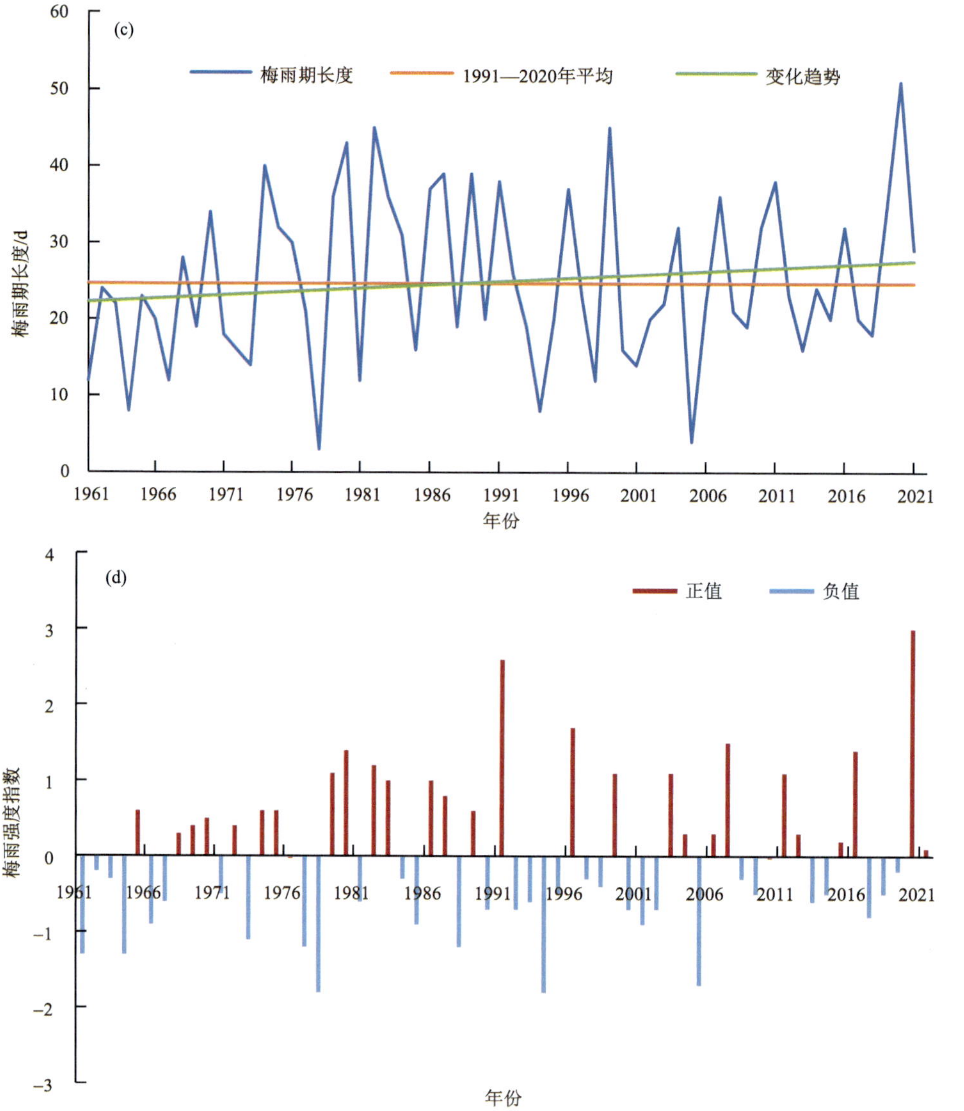

图 2.24　1961—2021 年入梅日期(a)、出梅日期(b)、梅雨期长度(c)、梅雨强度指数(d)变化情况

2.6　台风

2.6.1　台风个数

江苏省位于东部沿海，易受台风影响。1961—2021 年影响江苏省的台风共有 194 个，多年平均值为 3.2 个。总体呈增加趋势，平均每 10 年增加 0.05 个。除 1993 年和 2003 年之外，其他年份江苏省均会受到台风的影响，最多出现在 2018 年，共有 9 个台风(图 2.25)。

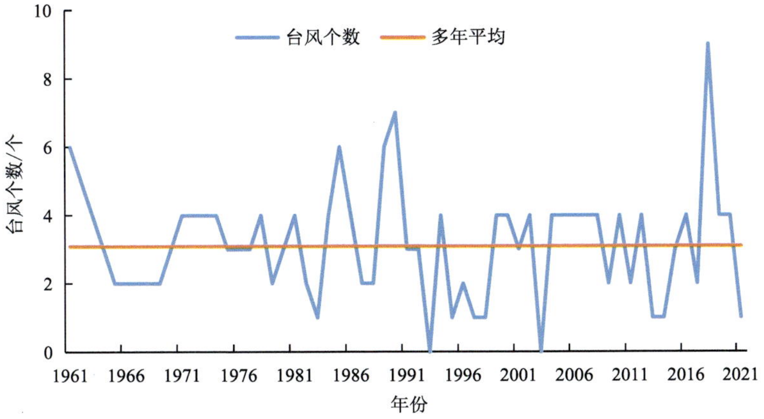

图 2.25　1961—2021 年影响江苏省的台风个数变化情况

2.6.2　台风影响时段

每年第一次影响江苏的台风和最后一次影响江苏的台风的时间分别是初台时间和终台时间。从长期趋势上看，初台时间呈推迟趋势，平均每 10 年推迟 0.8 d；常年（1991—2020 年平均）值为 7 月 27 日，初台时间最早出现在 2006 年，为 5 月 18 日，最晚出现在 2013 年，为 10 月 6 日。终台时间表现出明显提前的趋势，平均每 10 年提前 4.8 d；常年值为 9 月 5 日，终台时间最早出现在 2006 年，为 7 月 24 日；最晚出现在 1967 年，为 11 月 17 日。受台风影响日数明显减少，平均每 10 年减少 0.6 d；影响日数常年值为 7.6 d，最长影响日数出现在 1990 年，7 个台风的影响日数达到 28 d(图 2.26)。

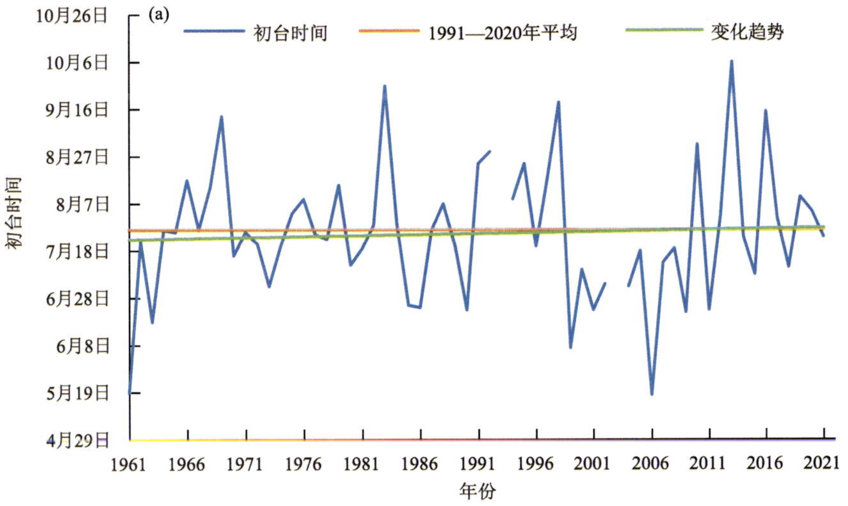

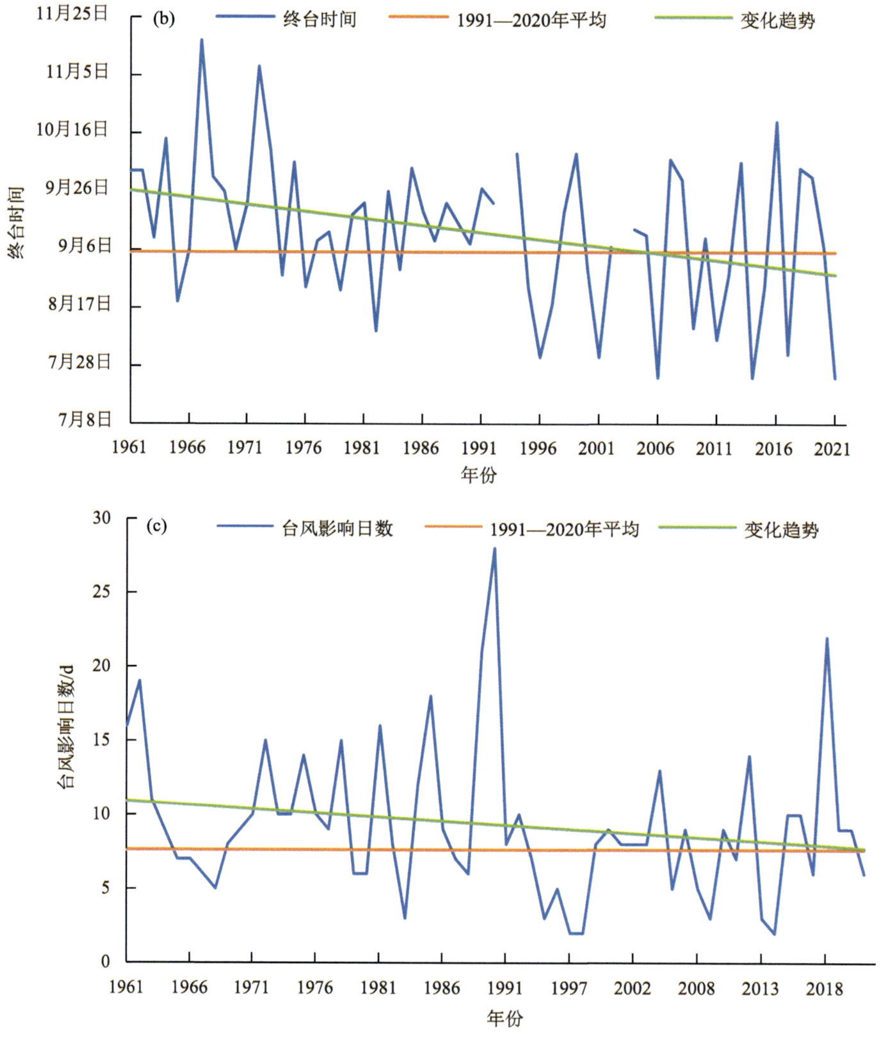

图 2.26　1961—2021 年初台时间(a)、终台时间(b)和台风影响日数(c)变化情况

第3章
江苏主要气象灾害特征

根据1983—2017年江苏省35年气象台站观测资料、相关灾情数据及国民经济数据，选取灾害损失最大的强对流、暴雨洪涝、干旱、台风和雪灾5种气象灾害作为主要研究对象，分析了江苏省主要气象灾害事件的时空变化特征（项瑛 等，2019）。研究表明：江苏省暴雨洪涝主要发生在夏季（6—8月），集中于7月，高值区主要位于淮北大部、里下河地区及沿江苏南西部地区；强对流灾害主要出现在春夏季（3—8月），分布区域集中在江苏沿海和里下河地区，以盐城和南通地区最为严重；干旱灾害发生持续时间长，一年四季均有发生，范围分布较广，总体呈现出东南轻西北重的趋势，大值区位于沿淮淮北东部地区及宁镇扬丘陵地区；台风灾害主要发生在夏季（6—8月），灾害影响范围具有典型的沿海大于内陆的特征；雪灾主要发生在冬季（12月至次年2月），1月最多，发生的高频区域呈无规律零星分布。本研究采用直接经济损失和死亡人口两项指标来表征气象灾情的演变，结果显示累计死亡人数总体呈下降趋势，20世纪80年代以来，因气象灾害死亡人数总体下降了83%。直接经济损失呈明显上升趋势，1998年之后经济损失约为之前的1.38倍。总体而言，气象灾害损失率呈波动下降趋势，2010年以来的地区灾损率在0.1%左右。

3.1 统计方法

气象灾害损失的评估采用受灾人口、死亡人口、直接经济损失、农作物受灾面积和农业经济损失5个要素来表征。对于灾情的演变特征，考虑到近年来国民经济的飞速发展，主要指标为死亡人口和直接经济损失的绝对值以及气象灾害损失率。气象灾害损失率是指当年气象灾害直接损失与当年国内生产总值（GDP）的比值，计算公式如式（3.1）所示。

$$L = D_i / P_i \tag{3.1}$$

式中，i为评价年份，D_i为第i年的气象灾害直接损失，P_i为第i年的GDP总量。

3.2 主要气象灾害灾损占比分析

江苏省主要气象灾害中(图 3.1)影响最大、最严重的灾种是暴雨洪涝，造成的农业及直接经济损失最多，特别是 20 世纪 90 年代以来，暴雨及大暴雨趋于频发性、极端性，造成的暴雨洪涝也越来越严重，1983—2017 年江苏省因暴雨洪涝造成直接经济损失约 1043.4 亿元，占总损失的 58%，受灾人口为 7099.1 万人，占总受灾人口的 44%，致使农作物受灾面积 1895.7 万 hm^2，占总受灾面积的 31%；仅次于暴雨洪涝，是因强对流天气影响造成的气象灾害，强对流天气具有强度大、发展迅速的特点，对人民生命安全造成威胁较大，最易造成人员伤亡，死亡人数占总死亡人数一半以上，达 59%，而由强对流天气造成的受灾人口、农作物受灾面积和直接经济损失分别占总灾情数据的 15%、24%和 17%，台风发生的频率不及强对流过程，但其影响时间长、影响范围广，造成的灾害损失与强对流影响相当，受灾人口、农作物受灾面积和直接经济损失分别占总灾情数据的 19%、21%和 14%；雪灾和干旱与台风类似，虽然发生次数较少，但因其发生规模大，造成的受灾人口数量较大，分别占总受灾人口的 4%

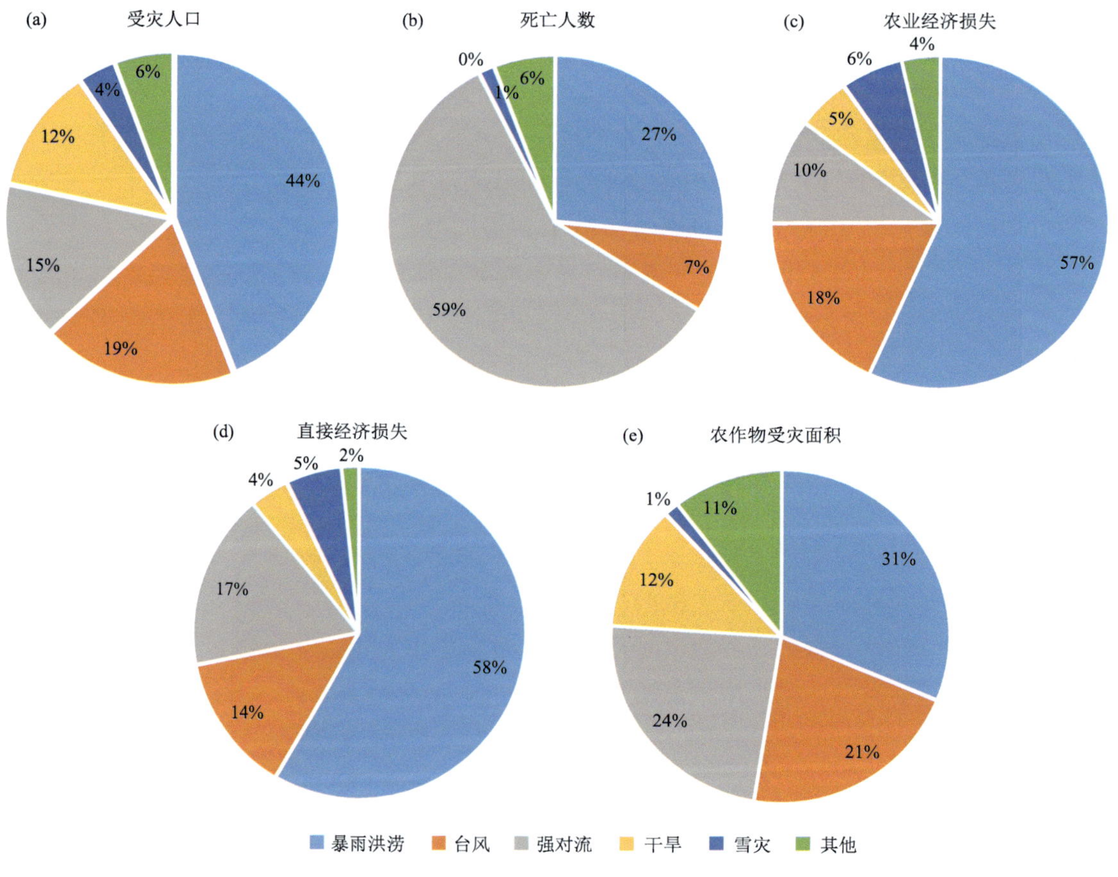

图 3.1 江苏省主要气象灾害百分比分布

和 12%，对农作物造成的损失也较大，受灾面积分别占总受灾面积的 1%和 12%。

3.3　主要气象灾害时空分布特征

据统计 1983—2017 年江苏省暴雨洪涝、强对流、台风、雪灾和干旱 5 种气象灾害总共发生 9121 次，各类灾害发生次数占江苏省灾害总次数的比例依次为 20%、66%、7%、4%和 3%。

由于干旱通常持续时间较长且每个季节均有发生的可能，所以仅对暴雨洪涝、强对流、台风和雪灾 4 种江苏省主要气象灾害的发生次数进行年内分布变化分析，季节的定义按照传统意义上进行分类，春季（3—5 月）、夏季（6—8 月）、秋季（9—11 月）、冬季（12 月至次年 2 月）。如图 3.2 所示，强对流、暴雨洪涝和台风发生主要集中在夏季，其中台风发生次数最多的月份集中在 8 月，暴雨洪涝和强对流发生次数最多的月份均在 7 月；雪灾发生次数主要集中在冬季，发生总次数为 263 次。

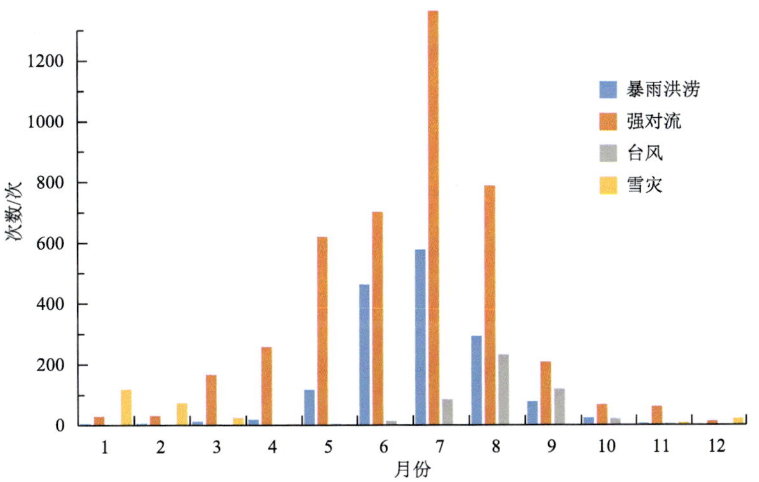

图 3.2　1983—2017 年江苏省主要气象灾害发生总次数月份分布

3.3.1　暴雨洪涝

江苏省大部处于江淮流域，每年 6 月和 7 月受江淮准静止锋的控制，通常会形成一段降水集中的连阴雨天气，即“梅雨”，是中国江淮流域夏季的一种重要天气现象（赵振国，1999；陈菊英，1991）。梅雨期间在强亚热带季风的影响下，大多数地区都会出现暴雨，因此，暴雨洪涝是江苏省夏季主要气象灾害之一，集中发生在 6 月和 7 月，发生频率分别占全年总次数的 29%和 36%，其次是 8 月出现较多，为 18%，而从季节发生频次来看，春季发生次数和秋季相当，冬季最少。江苏省暴雨洪涝发生频次呈分散型空间分布的特点，高值区主要集中在淮北大部、里下河地区及沿江苏南西部地区，其中常州东北部和南通中心地区为高频中心，平均发生频次分别为 1.24 次/a 和 1.18 次/a（图 3.3a）。

3.3.2 强对流

强对流天气是指短时间内发生的、中等尺度的、剧烈的对流性天气，其中包括短时强降水（每小时降水量≥20 mm）、雷雨大风（瞬时风速≥17 m/s且伴随有雷电）、龙卷、冰雹和飑线等，它发生在对流云系或单体对流云块中，特点是生命史短、发生空间范围小、破坏力极强，是江苏省主要气象灾害之一。而夏季处于大气环流调整期，冷暖气团活动频繁，交汇时易形成强对流，因此，江苏省强对流发生次数夏季最多，为2860次，约占全年总次数的65.9%，春季和秋季分别为1051次和343次，分别约占全年总次数的24.22%和7.9%，春季远远多于秋季，冬季最少，仅出现81个个例。强对流灾害呈明显东多西少的分布，主要集中在江苏沿海和里下河地区，以盐城和南通地区最为严重，年平均发生次数最大值为3.59次，出现在盐城射阳，其次为南通和如东，出现频次分别为3.06次/a和3.03次/a(图3.3b)。

3.3.3 干旱

导致江苏省干旱发生(图3.3c)的主要原因有：降水量偏少、降雨时空分布不均、上游来水不足、水库湖泊蓄水不足等。与各季节大气环流异常有直接关系，春秋季干旱时江苏多处于西北偏北气流控制下，中低层以反气旋为主，阻断了水汽输送，造成干旱少雨；夏季干旱时多在偏强副热带高压控制下，降水异常偏少。

3.3.4 台风

台风灾害影响范围具有典型的沿海大于内陆的特征，主要集中在江苏省沿海地区，尤其是东南部的沿海地区，年平均发生次数前4个站点均出现在南通地区，其最大值为0.68次(南通启东)(图3.3d)。

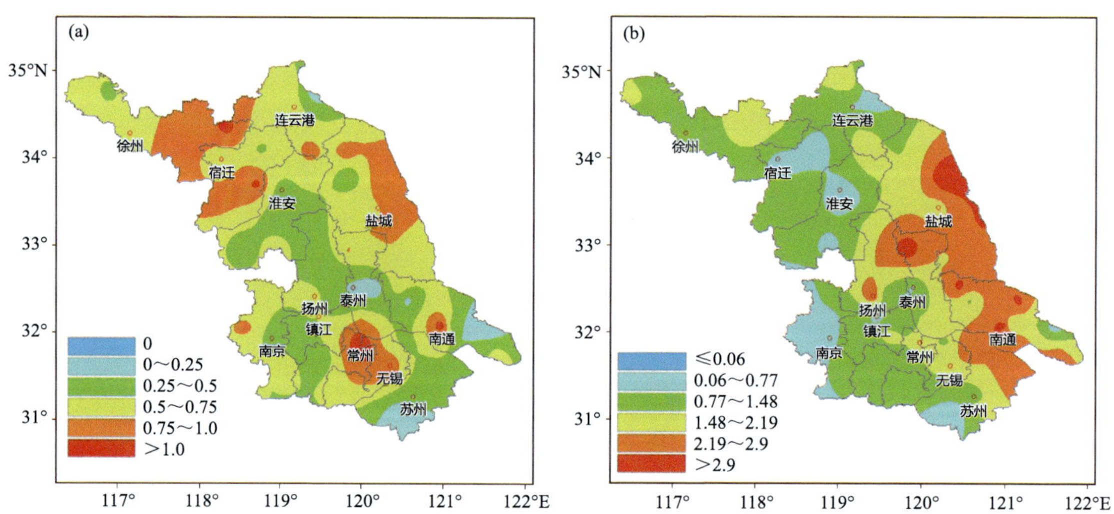

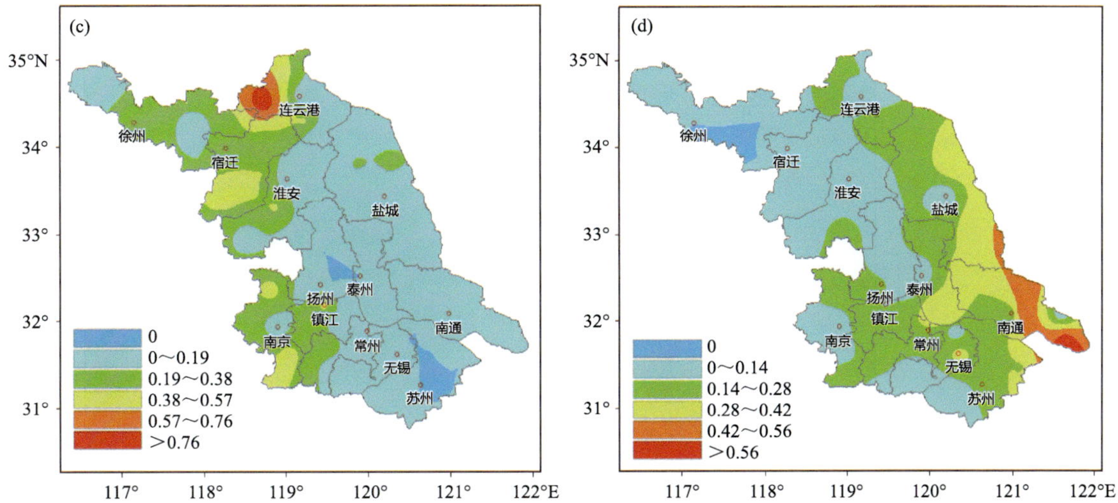

图 3.3　江苏省主要气象灾害发生频次空间分布(单位:次/a)

(a)暴雨洪涝,(b)强对流,(c)干旱,(d)台风

3.3.5　雪灾

雪灾主要发生在冬季,1 月最多,发生的高频区域毫无规律零星分布。2008 年 1 月 11 日至 2009 年 2 月初,江苏大部分地区遭遇了严重的低温雨雪冰冻天气。降雪最为严重的江淮之间南部和苏南地区积雪深度为 20～40 cm。期间发生区域性暴雪过程持续时间长、范围广、强度大,对人民生活、交通、电力、通信等方面造成巨大的影响。

3.4　气象灾害损失率演变特征

由图 3.4 可以看出,从气象灾害损失率(江苏省主要气象灾害的直接经济损失与当年地

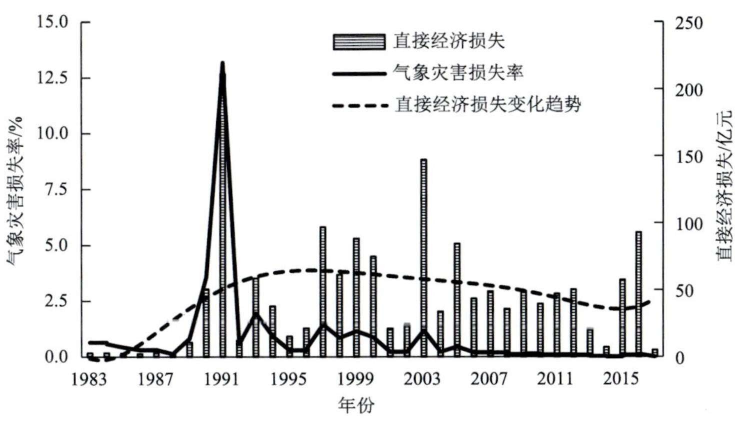

图 3.4　1983—2017 年江苏省主要气象灾害损失率变化趋势

区 GDP 的比率)的变化来看,呈波动下降趋势。20 世纪 80 年代气象灾害损失率在 0.4%左右(个别年份除外),90 年代为高值时段,平均为 2.4%,2000 年以来绝大部分年份都在 0.1%~0.2%,而 2010 年以来的地区气象灾害损失率大致在 0.1%。气象灾害损失率的这种持续下降趋势,一方面,取决于经济飞速发展带来的地区 GDP 的快速增加,另一方面,与国民应对自然灾害的能力及防范设施水平不断提高有关。总体来说,随着江苏省经济的快速发展和城市化进程的推进,每年发生的主要气象灾害带来的经济损失呈增加趋势,但由于防灾减灾能力提高及 GDP 的大幅增加,气象灾害损失率呈明显的下降趋势(项瑛 等,2019)。

3.5 主要气象灾害个例

江苏主要气象灾害包括暴雨洪涝、台风、强对流(雷暴、冰雹、龙卷、雷雨大风等)、雨雪冰冻、大风、干旱、高温、低温冻害、雾、霾、连阴雨 11 种类别。

3.5.1 暴雨洪涝

暴雨洪涝是影响江苏比较严重和频发的气象灾害,全省每年均有暴雨出现,一年四季均可能发生,特别是苏中、苏北地区暴雨频繁、地势低洼,极易造成洪涝灾害。暴雨主要出现时段集中在 5—9 月,其中 6—7 月的梅汛期暴雨,易造成洪涝、城市内涝。全省年平均暴雨日数为 2.3~3.6 d,年平均大暴雨日数为 0.3~1.1 d。1950 年、1954 年、1980 年、1983 年、1987 年、1991 年、1996 年、2003 年、2015 年、2016 年、2020 等年份均发生了较为严重的洪涝灾害。

历史灾情影响个例:

➢1991 年梅汛期,江苏淮河以南地区出现了百年罕见的特大洪涝灾害,暴雨日数达 25 d,其中,14 d 为大暴雨日,梅降水量普遍达 1000~1180 mm,最大达 1220 mm(兴化)。

➢2017 年 6 月 9 日夜间至 11 日江苏省沿江苏南地区出现大暴雨天气,降水量最大值为 266.2 mm(金坛),期间共有 115 个站出现暴雨,19 个站出现大暴雨,2 个站出现特大暴雨(金坛、句容)。日降水量南京(245.3 mm)、浦口(242.0 mm)、句容(259.9 mm)分别创下了本站 6 月历史新极值,其中南京日降水量为 1951 年以来最大值。

➢2019 年 7 月 17—18 日,江苏省沿江中东部及盐城东部地区出现暴雨到大暴雨、局地特大暴雨。南通如皋市 1 h 降水量达 161.9 mm、3 h 累计降水量达 289.0 mm。

➢2020 年汛期出现历史罕见南北两条异常偏多降水带,长江淮河流域发生严重洪涝灾害。全省夏季各站降水量在 521.9(丰县)~1120.2 mm(通州),全省平均降水量为 813.7 mm,较常年同期偏多 5.7 成,为 1961 年以来夏季降水次多值(仅少于 1991 年 824.8 mm)。其中,昆山(1010.3 mm)、滨海(1077.6 mm)和通州(1120.2 mm)创 1961 年以来夏季降水历史极值。2020 年 6 月 9 日—7 月 29 日为江苏省梅雨期,梅期历时 51 d 为有气象记录以来最长。

3.5.2 台风

影响江苏省的台风主要集中在6—10月，其中7—9月是高峰期；平均每年约3.2个，最多的年份可达9个(2018年)，苏南受影响频次高于淮北；影响台风多持续2～4 d。从灾害强度和损失看，呈现沿海重、内陆相对较轻的特征。历史上登陆江苏省的台风共有7个，分别为1950年8月1日登陆南通启东的5010号台风，1954年8月25日登陆南通海门的5411号台风，1961年8月11日登陆南通启东的6116号台风，1984年7月31日登陆南通如东的8406号台风“艾德”，1985年8月18日登陆南通如东的8509号台风“麦姆依”，1994年8月13日登陆南通如东的9414号台风“道格”，2012年8月2日登陆盐城响水的1210号台风“达维”。

历史灾情影响个例：

➢2000年8月30—31日，台风“派比安”造成盐城、连云港、淮安等地8个县(市)出现特大暴雨，其中响水日降水量达699.7 mm，造成1.1万间房屋倒塌。

➢2005年台风“麦莎”造成839.2万人受灾，死亡11人，直接经济损失达33亿元。

➢2012年8月3日，台风“达维”给西连岛带来了44 m/s的瞬时强风。2012年台风“海葵”带来大暴雨和持续大风天气，造成66万人受灾，直接经济损失高达5.41亿元。

➢2018年7月22日—8月19日，江苏省遭受4个登陆台风直接影响，在历史记录中尚属首次。其中台风“温比亚”风雨影响最大，强度也为历史记录罕见，8月19日单站日降水量丰县(240.8 mm)、句容(188.1 mm)及宜兴(186.7 mm)，刷新了本站8月极值，其中丰县8月17—19日过程最大降水量达350.9 mm，极大风速达30.5 m/s。

➢2019年8月10—11日，受第9号台风“利奇马”影响，全省普遍出现暴雨到大暴雨天气，中东部地区伴有7级以上偏东大风，太湖及沿海海面风力达10～12级，有38站过程累计降水量超过100 mm，主要集中在江淮北部、淮北及苏南地区，过程累计降水量最大332.8 mm(东海)，日降水量最大212.5 mm(东海)，创东海站日降水量历史极值，极大风速为24.3 m/s(西连岛)。受其影响，江苏省部分地区出现道路积水、树木折断、空调外机吹脱，高速公路管制或限速等。徐州、宿迁、连云港、南通、盐城、镇江及无锡市等地共有145943人受灾，转移安置18436人，农作物受灾面积46476.69 hm^2，倒塌房屋440间，直接经济损失3.56亿元，其中农业经济损失1.70亿元。

➢2021年7月24—29日受2106号台风“烟花”影响，江苏省各地累计降水量为73.9(西连岛)～467.4 mm(江都)，期间共出现65个暴雨站日、36个大暴雨站日及4个特大暴雨站日，日最大降水量为322.3 mm(泗阳)，此次为江苏省有气象记录以来停留时间最长、过程降水量最大的台风。据不完全统计，“烟花”影响造成农作物受灾面积62245 hm^2，水产养殖受灾面积2326 hm^2，倒塌房屋31间，直接经济损失达4.22亿元。

3.5.3 强对流

雷暴每年均有发生，一年四季均有可能出现，其中夏季雷电较为频发，里下河地区、沿江和苏南为雷暴高发区。全省年平均雷暴日数为20.8～35.4 d。

历史灾情影响个例：

➢2001年7月11日，泗阳县万匹乡蔡庄村旗杆组旗杆窑厂一个废弃窑洞烟囱遭受雷击，死亡6人，1人身受重伤。

➢2007年8月10日，徐州铜山区一次雷电灾害事故，造成5人死亡，17人受伤。

冰雹、雷雨大风、龙卷等强对流天气每年都会发生，且夏季最多，春季次之，秋季、冬季较少；其中冰雹多发于连云港、淮安以及盐城东北部地区，最多出现在赣榆到滨海。全省各地年平均冰雹日数0.1～0.5 d；龙卷高发区主要在里下河地区以及南通、泰州、扬州、苏州北部。

历史灾情影响个例：

➢2000年7月13日，宝应、高邮、兴化等地的龙卷灾害造成40余乡镇受灾，受灾人口达90多万人，倒塌房屋12500间，死亡34人，伤2000余人，重伤369人，因灾造成直接经济损失达3亿多元。

➢2009年6月，全省强对流天气频繁，造成58万人受灾，因灾死亡41人，受伤72人，转移安置1949人，房屋损坏24608间，农作物受灾面积42124.2 hm^2，灾害造成直接经济损失约3.72亿元。

➢2015年4月27—28日，全省自北向南出现了大范围的冰雹、雷暴大风、短时强降水、强雷电等强对流天气，共有10多个县(市)降雹，最大冰雹直径达5 cm，全省共61.07万人受灾，因灾死亡5人，损坏房屋77045间，倒塌134间，农作物受灾面积48906.98 hm^2，成灾面积21732 hm^2，绝收面积1637 hm^2，直接经济损失达6.82亿元。

➢2016年6月23日下午，盐城市阜宁、射阳出现雷雨大风、短时强降水，部分地区伴有冰雹、龙卷等强对流天气，共造成99人遇难，800余人受伤，直接经济损失约49.83亿元。

➢2018年8月18日，徐州铜山区刘集镇张集矿和徐州丰县凤城街道谢集村附近出现EF1～EF2级龙卷，附近气象站测得最大风速为30.5 m/s(11级风力)。两次龙卷过程虽然持续时间较短，都只有一两分钟，但破坏力极强，影响地区受灾较重。

➢2019年7月6日，江苏省自北向南出现一次罕见强对流天气过程，持续时间长、影响范围广、风雨强度大。徐州、连云港、宿迁、淮安、盐城、扬州、常州等地出现冰雹。强对流天气从6日08时前后起自西北向东南方向扩展，至7日02时左右从苏州进入上海，在江苏省境内历时18 h，江苏省大部分地区均受其严重影响。全省普遍出现6级以上的雷雨大风，有58个县(区、市)的203个乡镇(街道)在8级以上，其中，11个乡镇(街道)在10级以上，最大为11级(泗洪陈圩乡，28.7 m/s)。

➢2021年4月29日—5月1日及5月14—16日强对流过程影响严重，特征明显：一是风力影响范围广。4 月 30 日全省有 404 个加密气象站出现 8 级以上大风。二是风力影响强度大。过程极大风速为 47.9 m/s(南通通州湾,4 月 30 日),超过了江苏省有气象观测以来的极大风纪录。三是灾情重。2021 年这两次强对流过程灾情损失已经超过了近 5 年(2017—2021 年)的历年灾情,据不完全统计,造成 21 人死亡,直接经济损失约 5.0 亿元。

➤2022 年 7 月 20 日,淮北地区先后出现 4 个龙卷,历史罕见。其中宿迁市沭阳县(EF1 级)、连云港市海州区和灌云县(EF2 级)、淮安市淮阴区(EF1 级)、盐城市响水县(EF3 级)。

3.5.4 雨雪冰冻

每年 11 月至次年 3 月,受强冷空气影响,江苏省出现暴雪、冰冻等严重灾害性天气。全省各站年平均降雪日数 1.3～8.8 d,其中丰县、泗洪、邳州年平均降雪日数相对较长。全省年平均结冰日数 30.8～89.5 d。

历史灾情影响个例:

➤1984 年 1 月 17—19 日,沿淮及淮河以南地区普降暴雪,积雪持续 10 余天,暴雪范围广、雪量大、来势猛,给全省交通、运输、电信、民航、供电及其他工副业带来极大影响,电线结冰导致输电、通信线路中断。

➤2008 年 1 月 11 日至 2 月初,江苏省大部地区遭遇了严重的低温雨雪冰冻天气,暴雪持续时间和积雪深度刷新了 1961 年以来历史纪录,影响范围之广,仅次于 1984 年。全省受灾人口 242.13 万人,因大雪天气死亡 30 人,造成直接经济损失达 20.3 亿元。

➤2018 年 1 月 24—28 日,出现 2009 年以来最强区域性暴雪过程,37 个站点积雪深度刷新了 2009 年以来本站纪录,最大积雪深度达到暴雪等级的有 46 站,其中 10 个站点积雪深度超过 20 cm,最大达到 29 cm(1 月 27 日宜兴站)。灾情主要集中在淮河以南地区,对交通运输、设施农业和人民生活等造成了巨大影响。

3.5.5 大风

大风可折断树木、损坏房屋,并使农作物倒伏。大风主要发生于夏、春、冬三季,秋季相对较少;分布呈现出自东向西递减特征;年平均大风日数地区差异明显,沿海、沿江、沿湖地区明显高于内陆地区,内陆地区大多 1～4 d,沿海地区则在 5 d 以上,最多可达 49.8 d(西连岛),其次为 10.4 d(射阳)。

历史灾情影响个例:

➤1959 年 4 月 11 日,正值吕泗渔场春夏渔汛期间,因江淮气旋入海加强,凌晨起渔场刮起 10 级以上大风,伴随暴雨,又逢大潮汛,潮高浪大,持续一天一夜,造成大批船翻人亡的惊人海难,至少翻船 292 艘,死亡渔民 1814 人。

➤2000 年 3 月 27 日,全省发生 7～9 级大风,持续时间长达 40 h,全省 23 个县(市、区)受灾,受灾人口 31 万人,死亡 10 人,直接经济损失达 2.3 亿元。

➢2017 年 3 月 1 日，受入海气旋后部冷空气影响，全省大部地区出现 7 级以上大风，连云港、盐城、徐州、泰州、南通、南京、镇江、苏州、无锡等市的 33 个县(市)风力超过 8 级，各站极大风速为 12.8(泰兴)～26.9 m/s(阜宁，10 级)，其中阜宁站达到本站历史最大值，与 2006 年 4 月 29 日并列第一，该风速也刷新了江苏省 3 月历史同期纪录。

3.5.6 干旱

干旱一年四季均有发生，按季节分可分为春旱、夏旱、秋旱和冬旱，且有跨季的特点，如秋冬连旱、冬春连旱等。夏旱出现频率约为 4 年一遇，秋旱出现频率约为 2 年一遇。其中，跨季连旱的危害最为显著，损失也最大；半数以上的夏旱灾情十分严重；约 1/3 的秋旱灾情明显。易旱区出现在淮北和灌溉条件相对较差的宁镇丘陵地区，集中在徐州、淮安、宿迁、连云港等地。

历史灾情影响个例：

➢1987 年 12 月至 1988 年 7 月上旬，出现冬春夏连旱，连续 7 个多月降水量不到常年同期的一半，使得淮北春末夏初的播种面临“种不下，出不来，保不住”的局面，给农业生产造成了巨大损失，甚至出现人畜饮水困难。

➢2010 年末至 2011 年，出现冬春初夏连旱，淮河出现断流，导致全省江河、湖泊水位异常偏低，水体面积明显减少，全省直接经济损失 22.7 亿元。

➢2019 年 3 月 1 日—11 月 20 日，全省平均降水量 661.7 mm，较常年同期(900.6 mm)偏少 27%，为 1961 年来第三小值。全省出现大范围中旱以上等级气象干旱，其中淮北局部、江淮之间大部及沿江西部地区出现重度气象干旱，南京大部和扬州局地达到特旱。

3.5.7 高温

高温几乎每年都有发生，地区差异很大，整体呈现自西向东递减特征，苏南多于苏中和淮北。年平均高温日数 2.0～23.5 d，最长达 23.5 d(高淳)。历年统计结果显示，1967 年高温日数最长，达 53 d。极端最高气温为 41.6 ℃(2013 年，溧水)。

历史灾情影响个例：

➢1966 年 7 月 16 日—8 月 12 日，南京、高淳两地日最高气温连续 28 d 超过 35 ℃。

➢2013 年 7 月上旬至 8 月上旬，全省出现大范围持续高温。22 个县(市、区)日最高气温创本地新高，21 个站点出现 40 ℃以上极端最高气温，极端最高气温为 41.6 ℃(8 月 12 日，溧水)，为 1951 年以来江苏省历史最高值。高温日数异常偏长，常州、江阴、溧阳和姜堰高温日持续长达 27 d，34 个县(市、区)高温日数刷新了本地极值，26 个站点刷新单站历史记录。

➢2016 年 7 月 20 日—8 月 2 日、8 月 11—25 日，全省出现两段大范围连续高温天气，沿江苏南高温日数在 20 d 以上，其中宜兴长达 33 d；如皋、如东、阜宁等地突破或达到建站以来历史极值。受高温热浪影响，全省中暑 1019 人，死亡 30 人。

➢2017 年 7 月 12—30 日，江苏省出现罕见大范围持续性高温天气，全省平均气温、高温过程持续时间以及出现站日数为 1961 年来历史之最。全省平均气温为 31.7 ℃，较常年同期(27.9 ℃)偏高 3.8 ℃。日最高气温全省有 22 个站点突破历史极值。

➢2019 年 7 月 21 日—8 月 2 日，全省出现大范围持续性高温，一半以上站点超过 35 ℃，全省平均气温 30.7 ℃，较常年同期(28.2 ℃)偏高 2.5 ℃，为 1961 年以来历史同期第三高值(仅低于 2016 年 31.9 ℃、2017 年 31.7 ℃)，沿江苏南大部分站点较常年同期偏高 2.5 ℃以上。

➢2022 年 6 月 1 日—8 月 23 日，江苏省高温天气过程综合强度为 1961 年以来有完整气象台站观测记录以来第一位，总体特征呈现为出现时间早、日数多、影响范围广、强度大。期间全省平均气温(29.3 ℃)及平均最高气温(34.0 ℃)均为 1961 年以来最高值，极端最高气温(42.2 ℃，宜兴，8 月 15 日)突破了江苏省日最高气温历史极值；≥35 ℃的平均高温日数(34 d)、≥37 ℃的平均高温日数(16 d)及 40 ℃以上高温站日数(108 个)均为历史同期第一。受持续性高温天气影响，江苏省 8 月下旬前用电负荷持续攀升，8 月 12 日用电缺口达到 1000 万 kW。据江苏省农业农村厅农情调度显示，截至 8 月 14 日，全省约 91 万亩①农作物受旱，主要是丘陵岗坡地旱粮、蔬菜、果园、茶园及小部分缺少灌溉条件的水稻田，全省组织抗旱灌溉 500 多万亩。受持续高温天气影响，沿江和苏南地区植被长势明显差于 2021 年同期，偏差的区域面积占比 14.4%。苏南石臼湖、长荡湖水体面积减小较为明显，较 2021 年同期分别减少了 36.9%和 17.5%。

3.5.8　低温冻害

低温冻害包括冬季冻害和春季、秋季霜冻，每年均会发生。全省日最低气温≤0 ℃的低温日数、霜冻日数和雨凇日数均表现为由南向北增加。年平均低温日数淮北地区明显高于苏南，最多 73.4 d(赣榆)。年极端最低气温淮北地区均在－10 ℃以下，极端最低气温为－23.4 ℃(1969 年，宿迁)。1980 年以来，冬季冻害明显减少。霜冻主要发生于气温相对较高的秋季和春季，春霜冻年平均发生 1.1 次，秋霜冻年平均不足 0.6 次，春霜冻危害明显重于秋霜冻。

历史灾情影响个例：

➢1969 年 1 月底至 2 月初，全省天气严寒，淮安、宿迁和徐州最低气温分别达－21.5 ℃、－23.4 ℃和－23.3 ℃，洪泽湖封冻，渔船冰冻在湖心，靠飞机空投食物。

➢1995 年 4 月 2—3 日，受强冷空气影响，全省大部分地区最低气温在 0 ℃或以下，出现白霜。当时正值大麦始穗、小麦孕穗、蚕豆和油菜开花，农作物受灾明显。已定植的番茄、菜椒、黄瓜等蔬菜秧苗遭冻害死亡。

➢2007 年 3 月 4—6 日，全省出现寒潮快速降温天气，6 日全省最低气温降至－5.9～

① 1 亩＝1/15 hm^2，下同。

−0.3 ℃。受强冷空气带来的大风大浪影响，南通 139 条渔船、1992 名渔民出海遇险，不得不停泊在公海两个海区的港湾或浅滩附近抛锚避险或待援。

➢2018 年 1 月 25 日—2 月 11 日，江苏省出现大范围区域性低温冰冻天气，全省平均气温−0.4 ℃，较常年同期偏低 3.1 ℃，为 2009 年以来最低值，也是近 10 年来唯一低于 0 ℃的年份。极端最低气温−11.3 ℃(1 月 30 日，溧水)。持续低温日数 17 d，为 2009 年以来最长，历史上仅次于 1977 年和 2008 年(18 d)。

3.5.9 雾、霾

雾、霾天气多出现在冬季，春季、秋季次之，夏季最少。全省年平均雾日数为 14.1～51.2 d，最常见于河网密集地区，雾高发地区为里下河地区、南通和沿江地区。霾高发地区为沿江苏南，其中沿江西部及苏州、无锡部分地区霾日较多。

历史灾情影响个例：

➢1996 年 11 月 24 日，沪宁高速公路因浓雾造成 44 辆车相撞、超过 10 人死亡，交通堵塞 5 h。

➢2006 年 12 月 24—27 日，全省大部地区出现能见度小于 500 m，部分地区小于 50 m 的强浓雾，持续时间长达 51 h，严重影响交通，引发多起严重交通事故，造成多人伤亡。

➢2013 年 12 月至次年 1 月，全省频现雾、霾天气。12 月 3 日 20 时，淮安、连云港、泰州、盐城、宿迁、徐州空气质量指数(AQI)超过 300，达到严重污染水平，其他城市均为重度污染，$PM_{2.5}$小时浓度在 178～446 $\mu g/m^3$。

➢2018 年 11 月 24 日—12 月 1 日，江苏省多地出现严重持续性雾、霾天气，其中南京 25—30 日雾、霾共存，空气质量等级为中度污染以上，受大雾影响最重时段出现在 25 日夜间至 26 日白天，低能见度天气持续超过 20 h；26 日、27 日、28 日凌晨至上午，南京部分地区能见度低于 50 m。受大雾和霾天气影响，高速公路管制封闭，轮渡停航，机场航班大面积延误。

3.5.10 连阴雨

连阴雨灾害多发于春季、秋季，春季连阴雨年平均发生 2.7 次，以 4 月居多，5 月次之；秋季连阴雨年平均发生 2.6 次，9 月最多。春季连阴雨同时出现在江淮之间南部和苏南地区的次数最多，占总数的 46%；其次是全省范围同时出现，占 38%；秋季连阴雨在全省范围同时出现的次数最多，其次是江淮之间和苏南地区同时出现(项瑛 等，2011；姜爱军 等，1997；吴洪颜 等，2003；冯明 等，1996；方建刚 等，2005；钟元 等，1992)。

历史灾情影响个例：

➢2015 年 11 月 4—25 日，全省出现大范围持续阴雨天气。全省平均雨日 15.5 d，41 站达到历史同期最多天数，南通、苏州、太仓累计雨日达 20 d；11 月降水量沿江苏南显著偏多 0.5～1.5 倍，沿淮淮北异常偏多 2.0～4.9 倍；月日照时数普遍为历史最低值。秋收秋种进度受长时间阴雨严重影响，水稻收获搁置，产量品质下降，小麦播种期推迟，小麦过晚播面积增加，苗情偏弱。

➢2017年9月1日—10月18日，全省累计降水量(308.3 mm)达到历史同期第二，仅次于1962年(350.9 mm)，9个站点刷新了本站过程累计降水量历史极值；37个站点累计雨日数为1961年来历史同期最多；全省平均日照时数仅为179.4 h，较常年同期偏少3.4成，为1961年来历史最小值。其中，9月19日—10月6日过程最为严重，持续时间长达18 d，58个站点出现了连续阴雨天气，过程最大降水量336.6 mm(无锡)。

➢2018年11月至12月上旬，江苏省多阴雨天气过程，全省平均降水量136.7 mm，较常年偏多1.35倍，仅次于2015年(144.0 mm)。全省平均雨日18 d，较常年同期(9 d)偏多1倍，仅次于2015年(19 d)。分区域看，淮北地区(16 d)、江淮之间(19 d)为历史同期最多，苏南地区(20 d)为历史同期次多。

第 4 章
江苏气候预测业务服务

4.1 气候预测业务内容

江苏省短期气候预测的业务内容主要包括延伸期预测和月、季、年度预测，还有针对政府有关部门和社会特殊用户服务制作的专项气候预测，如决策服务、关键农事期服务和重大活动保障等。各类气候预测产品因服务对象不同，内容上有所差别。气候预测业务产品发布在气象政务管理信息系统和江苏预报业务一体化平台，气候预测公报则通过江苏气象微信、微博、抖音等官方平台对公众发布。

4.1.1 气候预测业务产品

1. 延伸期气候预测

延伸期气候预测是指 11～30 d 的气候要素预测，弥补天气预报（1～10 d）和月季尺度（30 d 以上）气候预测之间的时间间隙。重点关注未来 11～30 d 的重要过程预测和逐日天气预测，重要过程预测包括强降水过程、强降温过程、高温过程和大气扩散条件偏差过程等的预测，逐日天气预测包括平均气温、最高气温、最低气温、风向风速、雨量、天气现象等精细化要素的预测。重要过程预测每旬末发布，逐日天气预测逐日发布。

2. 月气候预测

月气候预测是指月时间尺度的气候要素预测。重点关注未来 1 个月气温、降水的气候趋势，预测内容包括气温距平和降水距平百分率，以及极端最高、最低气温和可能出现时段。每月底发布下个月的气候预测。

3. 季节气候预测

季节气候预测是指季节时间尺度的气候要素预测。重点关注春、夏、秋、冬 4 个自然季和 3 个月滚动季气温、降水的气候趋势，以及季节内 3 个月的逐月气温、降水的气候趋势，预测内容包括气温距平和降水距平百分率，以及极端最高、最低气温和可能出现时段。每月底发布下个季节的气候预测。汛期预测是每年预测服务的重点，关注降水、气温、梅雨、高温、台风的气候趋势，4 月上旬首次发布，5 月底发布滚动预测，6 月底发布盛夏(7—8 月)预测。

4. 年度气候预测

年度气候预测是指未来一年的气候要素预测及年景预估。重点关注当年冬季和次年春季气温、降水的气候趋势，预测内容包括气温距平和降水距平百分率，以及灾害性天气过程(如冬季雨雪冰冻天气)的可能出现时段。每年 11 月初发布年度气候预测。

5. 专项气候预测

专项气候预测是指针对政府有关部门和社会特殊用户服务制作的气候预测，如决策服务、关键农事期服务和重大活动保障等。决策服务是面向省政府各厅局及电力、能源等行业，关键农事期重点关注春播期、夏收夏种、秋收秋种等重要时段，重大活动保障是服务于青年奥林匹克运动会、中国国际进口博览会和江苏省运动会等重大社会活动。

4.1.2　气候预测公报

根据中国气象局统一要求，围绕江苏省气候服务需求，从 2020 年起，首次面向公众发布气候预测公报。依托研究型业务进展，将最新成果应用到预测中，提升公报的预测精准度。预测内容包括延伸期预测、月度预测、季节预测和专项预测。

4.2　气候预测业务流程

4.2.1　资料收集

1. 本地要素资料

江苏省 70 站逐日、逐月的降水量、气温观测资料。

2. 国内外模式资料

(1)BCC_CPSv3

国家气候中心第三代预测系统(BCC_CPSv3)，由全球高分辨率气候模式子系统、多圈层耦合同化子系统和集合预测子系统三部分组成，全部为自主研发。全球高分辨率气候模式子系统相对上一代，在大气、陆面、海洋、海冰等各方面的模式分辨率、物理过程参数化均得到提高和优化。BCC_CPSv3 包括次季节—季节预测和季节—年际预测两类，其中次季节—季节预测已于 2019 年 11 月准业务化运行，地理覆盖范围为－90°～90°N，0°～358.5°E，格点数为 121×240，样本数为 4 个，预报时长为未来 59 d，每周三和周六更新周一和周四的数据。参与国际同类系统比较计划，对月尺度温度、降水、大气环流等的预测能力优于我国和美国、日本现有业务系统，对季节内振荡的预测能力达到国际先进水平。

(2)DERF2.0

国家气候中心第二代月动力延伸预测模式(DERF2.0)地理覆盖范围为－90°～90°N，

0°～359°E，格点数为 181×360，预报时段为未来 57 d，预报时次为 00 时、06 时、12 时、18 时（世界时，下同），更新频次为逐日。

（3）NCEP_CFSv2

NCEP_CFSv2 模式是由美国国家环境预报中心下属的环境模拟中心开发的一个完全耦合的模型，考虑了大气、海洋、陆地和海冰的相互作用，于 2011 年 3 月开始运行。地理覆盖范围为－89.277°～89.277°N，0°～359.1°E，格点数为 190×384（非等间距），预报时段为未来 45 d，预报时次为 00 时、06 时、12 时、18 时，每个时次的样本数为 4 个，更新频次为逐日。其中，00 时、06 时、12 时样本预报时段为未来 9 个月，00 时其他 3 个样本预报时段为未来 3 个月，其余时效样本的预报时段为未来 45 d。具体的介绍详见网页（https://cfs.ncep.noaa.gov）。

（4）ECMWF

欧洲中期天气预报中心预报模式（ECMWF）地理覆盖范围为－10°～70°N，40°～180°E，格点数为 161×281，预报时段有未来 16 d（ECMWF16）和未来 16～46 d（ECMWF46）两种，ECMWF16 的起报时次为 00 时、12 时，每个时次的样本数为 51 个，更新频次为逐日，ECMWF46 的起报时次为 00 时，样本数为 51 个，更新频次为每周两次（周一和周四）。

（5）BCC_CSM1.1m

国家气候中心的第二代季节预测模式 BCC_CSM1.1m 地理覆盖范围为－90°～90°N，0°～359°E，格点数为 181×360，预报时长为未来 13 个月，样本数为 24 个。数据从 1991 年 1 月开始。

（6）MODES

国内外多个季节预测模式（MODES）预测结果经过预处理后的格式化数据集，时间分辨率为 1 月，空间分辨率为 1°×1°，数据格式为 netcdf。包括 NCEP_CFS2、UKMO_GLOSEA5、ECMWF_SYSTEM4 和 JMA_CPS2。

（7）CMME

中国多模式集合预测系统（CMME）包含 6 个模式的结果，分别为 BCCCSM、FGOALS-f、FGOALS-s2、MODES_CFS、MODES_EC、PCCSM4。

4.2.2 预测思路

以江苏地区为预测区域，从影响本地气候的因子入手，分析江苏气候的主要影响因子、大气环流背景及其可能会产生的天气气候条件（蒋薇 等，2009），分析各因子的相互联系及其与江苏省气候的关系，同时采用客观统计分析、动力模式及释用、机器学习等方法（蒋薇 等，2021），并经过充分的会商讨论后，对多种预测结果进行分析和决策集成，完成对国家气候中心相关指导预测产品的订正，形成月、季、年不同时间尺度的气候趋势预测产品。各类短期气候预测产品制作思路基本一致，但时间尺度不同也略有差别。

4.2.3　预测会商

业务值班人员在与国家气候中心、区域气候中心及其他省(市)气候预测值班人员会商后,由江苏省气候中心业务主管领导组织预测业务首席和相关预测人员进行研讨,完成对国家气候中心相关预测产品的订正,并形成业务服务产品。具体的气候预测业务会商内容及时间见表4.1。

表4.1　气候预测业务会商内容及时间

会商组织单位	会商内容	会商时间	是否发言
国家气候中心	月季气候趋势预测电视电话会商	月底	否
	月度气候监测预测技术总结电视电话会商	月中	否
	汛期、年度气候趋势预测会商	3月下旬和10月下旬	否
	汛期滚动、梅雨、盛夏气候趋势预测电视电话会商	5月底、6月初、6月底	按通知
上海市气候中心	汛期、年度气候趋势预测会商	3月下旬和10月下旬	是
	汛期滚动、梅雨、盛夏气候趋势预测电视电话会商	5月底、6月初、6月底	是
淮河流域气象中心	汛期、年度气候趋势预测会商	3月下旬和10月下旬	是
	汛期滚动、梅雨、盛夏气候趋势预测电视电话会商	5月底、6月初、6月底	是

4.2.4　产品发布

省级气候基础业务产品主要包括气候监测报告、气候影响评价、气候诊断报告、短期气候预测四类。气候预测业务产品通过气象政务管理信息系统和江苏预报业务一体化平台在内部发布,具体产品名称、内容、发布时间详见表4.2。

表4.2　气候预测业务产品

产品类型	产品内容	发布时间
月气候预测	预测时段同期历史概况、前期气候特征及对应时段气温和降水趋势预测、过程预测(全年:强降水过程、大气扩散条件过程;5—9月:高温过程;11月至次年3月:强降温过程)	每旬末
季气候预测	预测时段同期历史概况、前期气候特征及对应时段气温和降水趋势预测	每月底
年度气候预测	当年冬季(12月至次年2月)和次年春季(3—5月)历史概况及气温和降水趋势预测	每年11月
专项预测	重要农事期(春播、夏收夏种等)、春运及重大活动期间等的气温和降水趋势预测	关键期按需
逐日预测	全年精细化要素:平均气温、最高气温、最低气温、风向风速、雨量、天气现象	每天

《江苏省气候预测公报》是江苏省级、地市级气象部门根据服务需求向社会公开发布的气候预测产品。江苏省气候中心负责制作与发布的《江苏省气候预测公报》产品,其预测范围应涵盖全省,细化至区域,其预测时段应涵盖延伸期、月、季节和年度。发布渠道为江苏气象官方微博、微信公众号及电视、广播等,在产品向公众发布后,按照要求同步将其上传至国

家气象业务内网。具体内容可见表 4.3。

表 4.3 气候预测公报产品列表

产品名称	产品内容	发布时间
延伸期气候预测	前期概况，气温、降水趋势预测，冬季强降温、冷空气，夏季高温、强降水过程，大气扩散条件过程	每月 2 日、12 日、22 日前
月气候趋势预测	前期概况，月气温和降水趋势预测	每月 3 日前
春季气候趋势预测	前期概况，春季气温、降水趋势预测	3 月 3 日前
夏季气候趋势预测	前期概况，夏季气温、降水趋势预测，梅雨、高温、台风预测	首次 4 月 10 日前发布，之后滚动更新
盛夏气候趋势预测	前期概况，盛夏气温、降水趋势预测，梅雨、高温、台风预测	7 月 3 日前
秋季气候趋势预测	前期概况，秋季气温、降水趋势预测	9 月 3 日前
年度气候趋势预测	当年冬季和次年春季降水、气温趋势预测	11 月 10 日前
冬季气候趋势预测	前期概况，冬季气温、降水趋势预测	12 月 3 日前
专项气候趋势预测	重要农事期（春播、夏收夏种等）、春运及重大活动期间的趋势	关键期按需

4.2.5 检验评估

具体见附录 F：月、季气候预测检验评分方法（表 F.1）。

4.2.6 总结复盘

及时开展汛期重大天气气候过程技术分析和复盘总结。科学分析极端性、灾害性天气气候事件出现的原因，把握发生发展规律；复盘过程要强化新资料、新技术、新方法的应用和评估，加强预报员对数值预报的科学理解和有效应用；建立以问题为导向的复盘思路，分析凝练在业务服务上的成功经验和短板弱项，及时将复盘成果转化为业务能力。同时，认真总结汛期在组织管理、部门协作、应急联动等方面的宝贵经验，逐步完善重大天气过程精准预报工作机制，形成推广经验，不断提升气象保障服务工作效益。另外，要基于业务科研及时开展科普宣传，发权威之声。

4.3 江苏特色气候预测客观方法及效果分析

4.3.1 低频天气图方法预测延伸期强降水过程

用大气低频振荡的特性来做延伸期预报的设想，早在 20 世纪 90 年代，孙国武等（1992）就提出用大气低频振荡来描述 10～30 d 天气过程的方法——低频天气图，但由于当时资料等条件的限制而未能实现业务应用。周曾奎（1996）也对大气低频振荡和江淮梅雨的关系进行过一些研究，为梅雨、区域性暴雨的预报提供了一定的参考意义。近些年来，随着观测资料的增加，孙国武等(2008)在利用大气低频振荡信息进行 10～30 d 天气过程预报方面取得了突破性进展，并在上海地区实际预报业务工作中得到了应用。而影响上海地区的大气低频变化特征与影响江苏省的有一定的相似性，因此，引进该方法，并经过本地化改进后，来进行江苏地区的延伸期预报研究和业务应用具有非常重要的意义。

在孙国武等(2008)的研究基础上，从大气低频振荡角度出发，进行江苏省的本地化应用研究，并且在 2011 年 7—9 月江苏省短期气候预测业务中进行了延伸期强降水过程的预报实验，推动低频天气图预报方法在延伸期业务中的应用(蒋薇 等，2011)。

(1)低频天气图的绘制

利用 Batterworth 带通滤波器对汛期(6 月 1 日—9 月 30 日)逐日 700 hPa 风场格点资料的序列进行 30～50 d 带通滤波计算，得到逐日低频流场图。计算时选取前 150 d 时段的流场进行滤波，用滤波后的当天资料绘制低频天气图，范围为 10°～80°N，60°～160°E。

(2)低频关键区的划分

低频关键区的确定是低频天气图预报方法的一个关键点。具体做法是通过追踪低频天气图上的低频系统，得到不同区域低频系统的特征，包括位置、移动规律和周期等。为了更清晰地分析低频天气系统的演变，根据低频系统的特性，在低频天气图的范围内，以经度、纬度为标准，将低频天气图划分为若干个区域。

根据江苏省的天气预报经验和低频天气系统在各个区域的振荡特征，同时，基于影响上海与影响江苏的低频系统特征有一定的相似性，暂采用和文献相同的分区(孙国武 等，2008)，即把与江苏强降水过程密切相关的低频系统活动区域共分为 8 个区域。具体为，关键区 1：10°～30°N，120°～150°E；关键区 2：10°～30°N，100°～120°E；关键区 3：10°～30°N，80°～100°E；关键区 4：30°～50°N，120°～150°E；关键区 5：30°～50°N，100°～120°E；关键区 6：30°～50°N，80°～100°E；关键区 7：50°～70°N，120°～150°E；关键区 8：50°～70°N，80°～120°E。在此基础上，进一步分析每个区域内低频气旋和低频反气旋的活动特征和时间变化。

(3)低频系统的周期计算

低频天气图中各区域的低频系统变化是不同步的，分析缓慢变化的低频气旋(反气旋)等低频天气系统，重点是关注 8 个关键区内低频系统各自的演变特征。

对 2007—2010 年 6—9 月的低频天气图上 8 个关键区内低频气旋(反气旋)起止时间和移动路径分别进行读数和整理，进而计算出每个区域内低频气旋和低频反气旋的周期特征，便于进行预报时外推。

(4)江苏汛期强降水过程的确定

根据江苏省气象服务需要，重点是要预报出对江苏有较大影响的强降水过程。通过对江苏省汛期强降水特征的一致性分析，确定了 4 个预报区域，分别是全省、淮北、江淮和苏南 4 个区域(全省从北到南依次为淮北、江淮和苏南地区)。分析 2007—2010 年 6—9 月的日降水量，按照部分地区出现中雨以上量级、局部地区出现暴雨的过程进行统计，确定了江苏省汛期强降水过程的标准：各预报区域内 1/3 以上站点日降水量达到 20 mm 以上，即认为该区域当天为一个强降水日。

(5)与强降水过程相关的低频系统分析

根据江苏省汛期强降水过程的标准，挑选了 2007—2010 年 6—9 月共 200 个强降水日，并对照低频天气图，分析与强降水过程发生相对应的各个区域低频系统的活动状态，即每个区域分别是低频气旋或低频反气旋，以及每个系统的出现、移动、消失和周期特征，从而建立低频系统活动与强降水过程发生之间的对应关系。

(6)建立汛期强降水过程的预报模型

根据前面建立的低频系统活动与强降水发生之间的对应关系，对低频系统以及所在关键区进行普查和汇总，形成各预报区的预报模型(表 4.4)。用 C 和 A 分别表示低频气旋和反气旋，下标表示系统生成的关键区编号。例如，当预报对象为江淮时，2、4、6 区有低频反气旋活动，7 区有低频气旋活动，3、5 区有低频气旋或反气旋活动时，则将有强降水过程发生。

表 4.4 降水区与低频关键区系统的关系

预报区域	关键区北方系统	关键区南方系统
全省	$(C_5、A_5)$；A_6；C_7	C_1；A_2；$(C_4、A_4)$
淮北	$(C_5、A_5)$；C_6；C_7；C_8	C_2；A_3；A_4
江淮	$(C_5、A_5)$；A_6；C_7	A_2；$(C_3、A_3)$；A_4
苏南	A_5；A_6；C_7；$(C_8、A_8)$	A_2；C_3；$(C_4、A_4)$

根据 2006—2010 年 6—9 月的强降水过程合成的结果，绘制江苏省强降水过程发生和不发生时的低频天气图(图略)。可以看出，强降水发生时，大气低频环流系统的配置有利于西北、东北、西南、东南气流在江苏地区汇合；反之，则江苏上空为低频辐散气流，不利于强降水发生。

上述预报的低频天气图上的低频系统的配置，反映出江苏北方、西北方和东南方、西南方有低频气旋或反气旋，表明北边有偏北气流、南边有偏南气流，南北的冷暖气流在江苏交汇而引起强降水过程。

(7)业务预报效果

2011 年 7 月至 10 月上旬江苏省强降水过程(1/3 以上台站日降水量≥20 mm)，提前 10～30 d 预报出 12 次，跟实况对比，报对 11 次，空报 1 次，漏报 2 个过程(表 4.5)。应该说，低频天气图方法在江苏省 2011 年汛期的业务预报试验还是比较成功的。

值得一提的是，大气低频信号对系统性降水和极端天气事件的反应是比较敏感的。表 4.5 中 7 月 11—15 日的强降水过程就是江苏省 2011 年汛期中持续时间最长、降水强度最大、降水范围最广的一次过程，此次强降水对盐城、淮安、南京等地暴雨洪涝致灾性很高，低频天气图方法提前 14 d 预报出这一过程。又如，7 月 13 日预报了 8 月 1—4 日和 8 月 11—14

日这 2 个过程，而实际上在 2011 年 8 月 6 日夜间至 8 日凌晨第 9 号台风“梅花”在江苏近海北上，其影响期间江苏东部地区虽然出现 8 级以上大风，但未带来强降水，低频天气图方法提前 24 d 预报出该时段无强降水过程。

表 4.5　2011 年 7—9 月江苏省延伸期预报

预报时间	预报降水时间	实际降水时段	江苏省降水实况
6 月 27 日	7 月中旬中前期	7 月 11—15 日	大到暴雨，局地大暴雨
	漏报	7 月 18—19 日	大到暴雨，局地大暴雨
	7 月下旬前期	7 月 25—26 日	大到暴雨，局地大暴雨
7 月 13 日	8 月上旬中前期 （8 月 1—4 日）	8 月 2 日	中到大雨，局地暴雨
	8 月中旬中前期 （8 月 11—14 日）	8 月 11—13 日	中到大雨，局地暴雨
8 月 3 日	8 月中旬后期到下旬前期 （8 月 17—22 日）	8 月 16—18 日、21—22 日	大到暴雨，局地大暴雨
	漏报	8 月 24—25 日	大到暴雨，局地大暴雨
	8 月下旬后期 （8 月 28—31 日）	8 月 28—29 日	大到暴雨，局地大暴雨
	9 月上旬后期 （9 月 6—8 日）	9 月 7—8 日	普降小雨，局地小到中雨
8 月 17 日	8 月下旬后期 （8 月 27—30 日）	8 月 28—29 日	大到暴雨，局地大暴雨
	9 月上旬前期 （9 月 1—3 日）	空报	无降水
	9 月上旬中后期 （9 月 5—9 日）	9 月 7—8 日	普降小雨，局地中到大雨
9 月 8 日	9 月中旬后期到下旬前期 （9 月 17—23 日）	9 月 15 日	淮北地区小到中雨，局地暴雨
	9 月下旬中后期到 10 月上旬前期 （9 月 26 日—10 月 2 日）	9 月 28—29 日	普降小雨，淮北江淮小到中雨

4.3.2　模式降尺度方法预测月降水

由于江苏省南北纬跨度较大，强降水落区预报也是关注的重点。利用气候模式产品的统计降尺度预测结果可以为强降水过程的发生提供背景依据，同时也为强降水的落区预报提供参考信息。

使用国家气候中心动力延伸预报产品中由落后平均法生成的 500 hPa 位势高度场数据，并运用降尺度方法（陈丽娟 等，2003；顾伟宗 等，2009）进行本地化释用。从一组大气动力学方程组出发，根据大气的相当正压假设、Burger 近似、定常（略去时间变化项）假设等一系列合理简化，推导出本地月平均降水距平与月平均环流场距平的关系。针对预报时段（未来 30 d），选择超前时间分别为 0 d、5 d、10 d 的月平均 500 hPa 位势高度场预测结果，利用推导出的降水场与形势场之间的关系，预报未来 30 d 的降水场，再根据不同超前时间预测结果的历史回报检验评分情况，从而选择降水场预测结果。

以 2011 年汛期中 3 次对未来 30 d 降水落区的预报试验结果为例，利用 2011 年 6—8 月的模式结果进行统计降尺度，预报 7 月 6 日—8 月 5 日、7 月 21 日—8 月 20 日和 8 月 11 日—9 月 10 日的江苏省降水距平百分率分布。可以看出，降尺度方法预报出的未来 30 d 主要降水落区与实况均基本一致（图 4.1～图 4.3），对以江淮和苏南地区为主的强降水落区把握得较好，预测结果均反映出 2011 年江苏省汛期（6—8 月）强降水主要集中在淮河以南地区这一特征。

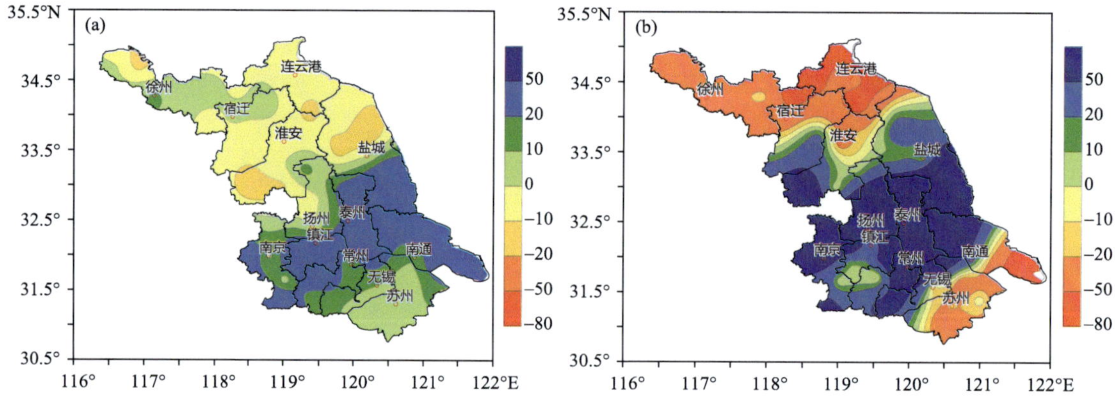

图 4.1　2011 年 7 月 6 日—8 月 5 日江苏省降水距平百分率分布（单位：%）

（a）预报，（b）实况

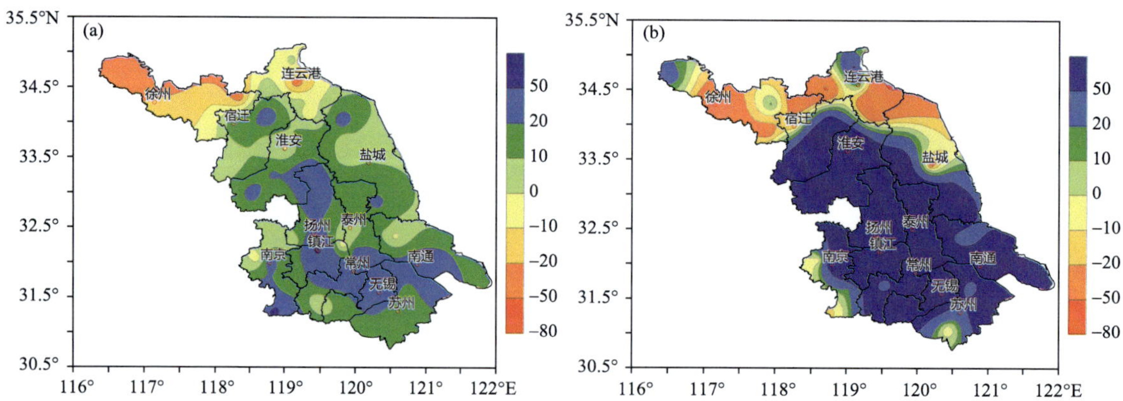

图 4.2　2011 年 7 月 21 日—8 月 20 日江苏省降水距平百分率分布（单位：%）

（a）预报，（b）实况

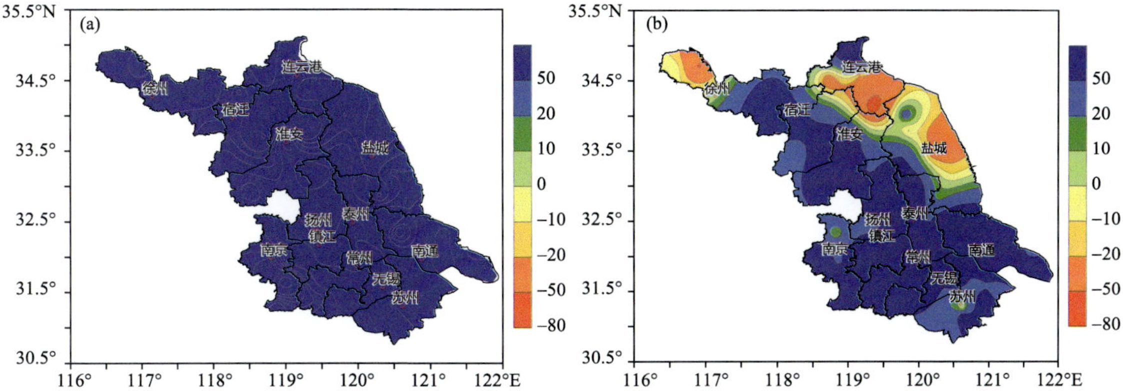

图 4.3　2011 年 8 月 11 日—9 月 10 日江苏省降水距平百分率分布(单位:%)
(a)预报,(b)实况

4.3.3　动力相似模型预测延伸期强降温

(1)动力相似思想介绍

在天气预报中,人们可以根据前期天气过程的主要特征,根据一定的相似标准,从历史资料中找出与之相似的个例,并把相似个例后期出现的天气作为预报依据,这就是相似预报方法。相似预报方法在天气预报和短期气候预测中曾得到广泛采用(黄建平 等,1991;任宏利 等,2007;杨杰 等,2012)。利用相似原理进行预报,往往有一定成效。因为在相似的初始场和边界条件下,大气未来的演变在一段时间内常常是相似的。不过,相似预报方法在实际气候预测业务中也往往流于失败,原因在于这种预报的思想是较为朴素的线性思维,而现实气候系统是高度非线性的,随着时间的推进,初始条件的信息逐渐衰减,达到可预报期限后,大气状态与初始条件无关。另外,判断是否相似的标准通常是主观和经验的,故有较大的不确定性。

在过去的相似预报方法基础上,提出一种动力相似方法:对于一个已知的数值模式,假定有无穷多个历史回报和对应的实况数据,且气候是稳定的,假设可以找到一组与当前预报状态非常接近的历史回报,那么这些历史回报对应预报时段的实况状态可以作为当前要素预报的一种定量估计。尽管针对全球范围的有限个历史预报来说,找到与当前预报状态一致的样本的概率非常小,并且气候是不稳定的,但如果针对的是局地预报,在几十年的预报中,通常可以找到多个相似的样本。需要指出的是,这里寻找相似的依据不是前期的环流场,而是同一个模式预报的环流场,而模式是建立在大气运动的基本规律的描述基础上的,也就是说,动力相似寻找的是大气演变过程的相似性。

以 NCEP_CFSv2 模式为基础,该模式经过多年的应用,积累了大量的回报数据,为开展动力相似方法的应用提供了基本的数据库。通过发展综合考虑多变量的大气环流相似度客观判别方法,研发基于模式预报环流场动力相似的延伸期——月气候预测技术,为降水、气温客观化预测提供一种参考。

(2)模式序列的建立

选取 NCEP_CFSv2 模式 1999—2013 年的回报试验结果，通过解码后处理成每天起报的未来第 2～44 d 的日平均预报场，水平分辨率为 1°×1°网格，形成历史回报数据库。选取 2014 年 8 月 1 日—2021 年 12 月 31 日的实时业务预报资料，选取其中的若干个预报样本作为预测个例，开展业务预测试验。

(3)环流预报因子的选择

在针对 NCEP_CFSv2 环流场检验的基础上，参考以前的业务实践经验，选择与降温密切相关的 200 hPa 和 500 hPa 高度场(实际上在程序设计时已经考虑到未来扩展的需要，可以通过修改一个控制文件来任意添加预报数据中包含的要素，如 850 hPa 风场，而不必修改程序源代码，即类似于数值模式通常的做法，只需编译一次生成可执行程序，以后针对不同情况运行模式都无须重新编译源代码)，避免了相似预报方法要素单一的缺陷，通过寻找多因子的综合相似达到选取相似历史预报样本的目的。

(4)相似关键区的选择

关键区的选取可以通过敏感性试验来调整，在程序编写时也作为一个可调的参数，同样可通过修改控制文件来修正而无须修改源程序。

(5)环流动力相似的客观判别方法

对于一个给定日期的 NCEP_CFSv2 预报，如 2014 年 11 月 29 日的预报，称为当前预报，如果要预报 2014 年 12 月的降温过程，首先把 1999—2010 年所有 10—12 月起报的回报样本提取出来，组成历史预报样本集，这里选择当前预报月份所在前一个月至后一个月之间的样本，是因为回报的年份不够长，如果仅从历史上 11 月 29 日起报的样本寻找相似，那么仅有 12 个样本可供挑选，显然这是远远不够的。可以在一年中的同一时间附近选取动力性质较为一致的预报，以保证两个预报的环流不至于偏离太远，达到扩充样本数的目的。

进行多变量的 EOF 分解，挑选前若干个特征向量，挑选的原则为该若干个特征向量的累计方差贡献率达到一定的百分比，如为 N 个，再把当前预报和历史预报样本集分别投影到这些特征向量上，这样经过投影后，包括当前预报在内的每个预报都转变为 N 维空间中的一个点，计算历史预报样本对应点与当前预报对应点的相似离度，并从小到大排序，就可以找到前若干个与当前预报环流最为相似的历史预报样本。

(6)强降温过程预报的制作

找到前若干个相似的历史预报样本后，便得到这些预报样本的对应起报日期，根据起报日期计算该日期起观测资料给出的实况，最后通过合成该若干个相似预报样本作为本次降温预报的定量估计。

综合上述 5 个步骤，形成了动力相似预报模型的流程图，概括了制作预报的全过程，如图 4.4 所示。

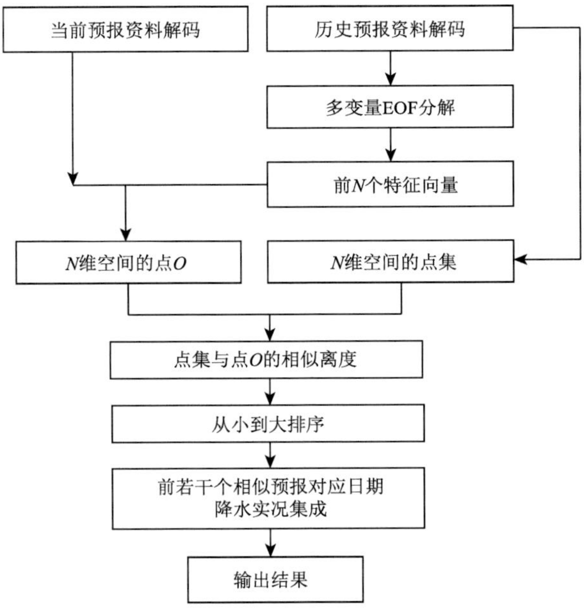

图 4.4 动力相似预报模型流程

(7)动力相似预报模型调试

以上提及预报模型中涉及一些参数可根据情况调整，这些参数包括相似关键区的范围、EOF 分解时前若干个特征向量场的个数、预报的提前天数以及相似历史回报的个数，这些参数的选取或涉及相似预报的确定，或涉及预报降水的集成，与最终的预报结果必然有密切的关系。下面开展一些敏感性的试验，考察不同参数对预报结果的影响，试验主要针对 2014—2018 年冬季的降温预报，结果取相似离度最小的预报样本(即最相似样本)对应的实况气温、前 10 个最相似预报样本的气温集成以及气温距平频次。

(8)相似关键区的范围

相似关键区范围的敏感性试验针对 2014 年和 2015 年 7 月共 2 个月的降水预报展开，选择了两个范围，范围 1:0°～360°E,0°～85°N，记为 NH 试验，范围 2:0°～180°E,0°～85°N，记为 QH 试验。这两组试验中，特征向量场的个数和预报的提前天数分别设置为 10 个和 2 d。

(9)延伸期降温过程预测业务试验

2018 年 12 月预报试验情况。图 4.5 给出了 2018 年 11 月 29 日起报的 12 月的 10 个相似样本结果，按照最相似顺序排序，与实况(图 4.6c)对比发现，6 个相似样本抓住了 12 月最低气温偏高的特征，4 个相似样本反映出相反的趋势。比较前 10 个相似样本集合和前 5 个相似样本集合的结果(图 4.6a,b)发现，均把握住了偏高的趋势，反映的区域趋势较为一致，前 5 个样本对于偏高区域的范围预报得更大且与实况更为接近。说明动力相似预报模型对于月最低气温距平的预报具有较高技巧，能把握住正确趋势。

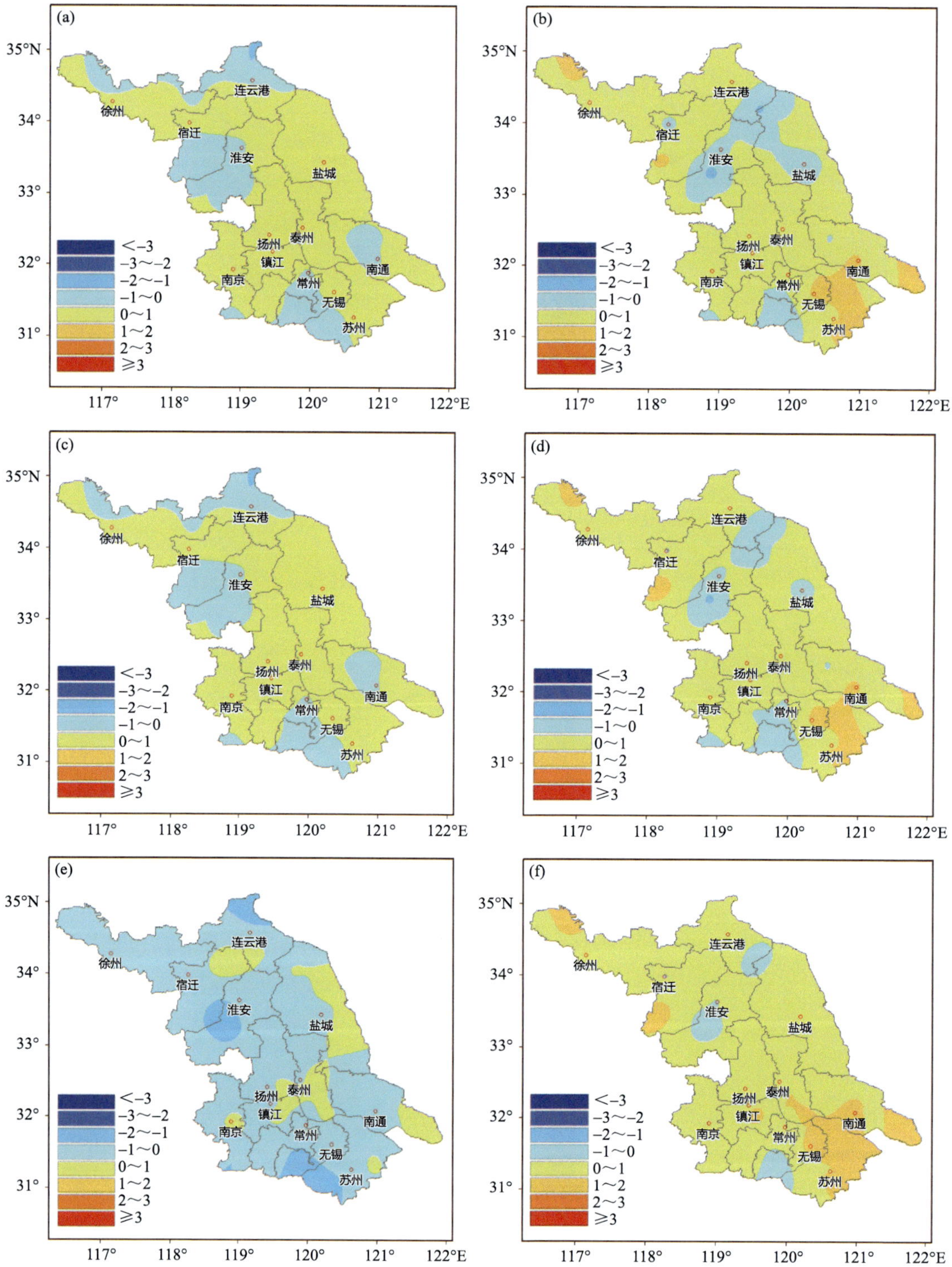
(a)
(b)
(c)
(d)
(e)
(f)
35°N
34°
33°
32°
31°
117°
118°
119°
120°
121°
122°E
连云港
徐州
宿迁
淮安
盐城
扬州
泰州
镇江
南京
常州
南通
无锡
苏州
<−3
−3～−2
−2～−1
−1～0
0～1
1～2
2～3
≥3

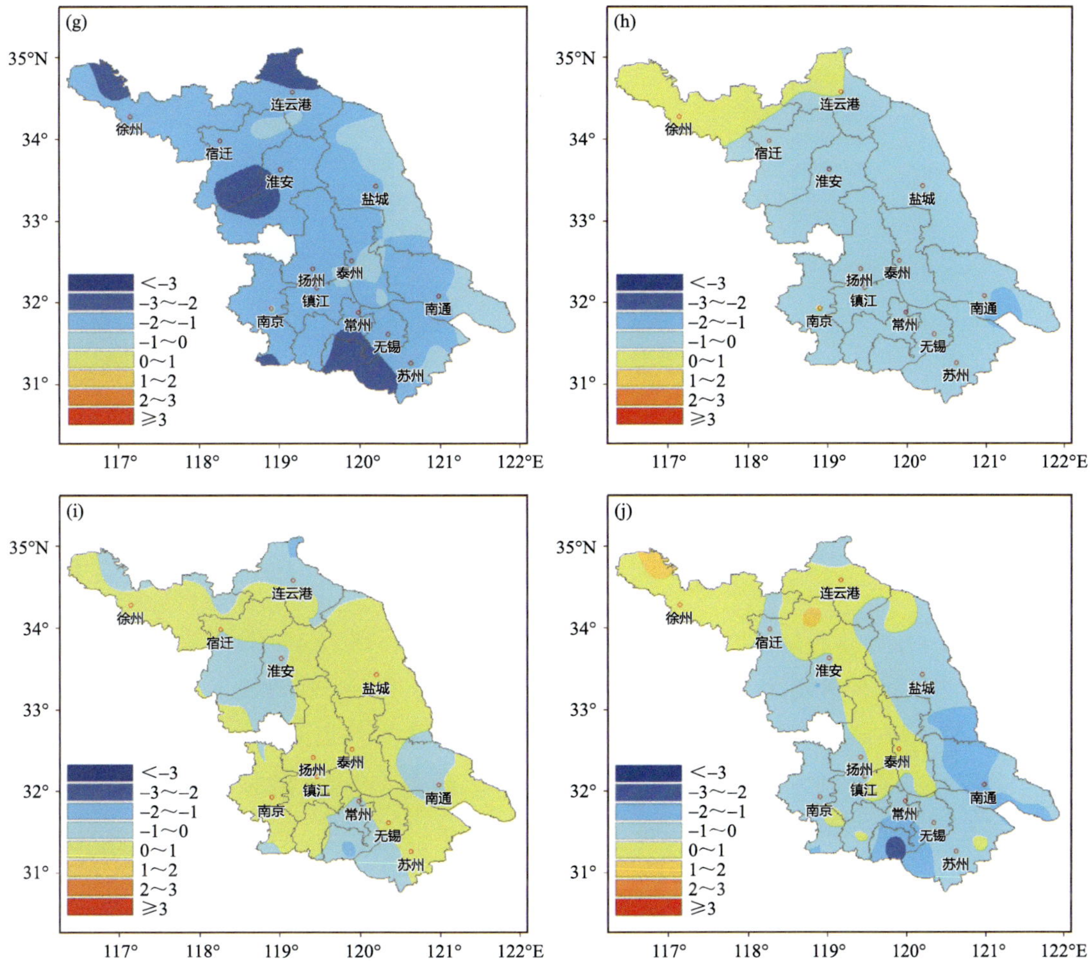

图 4.5　2018 年 11 月 29 日起报的 12 月最低气温距平

(a)～(j)前 10 个相似预报结果

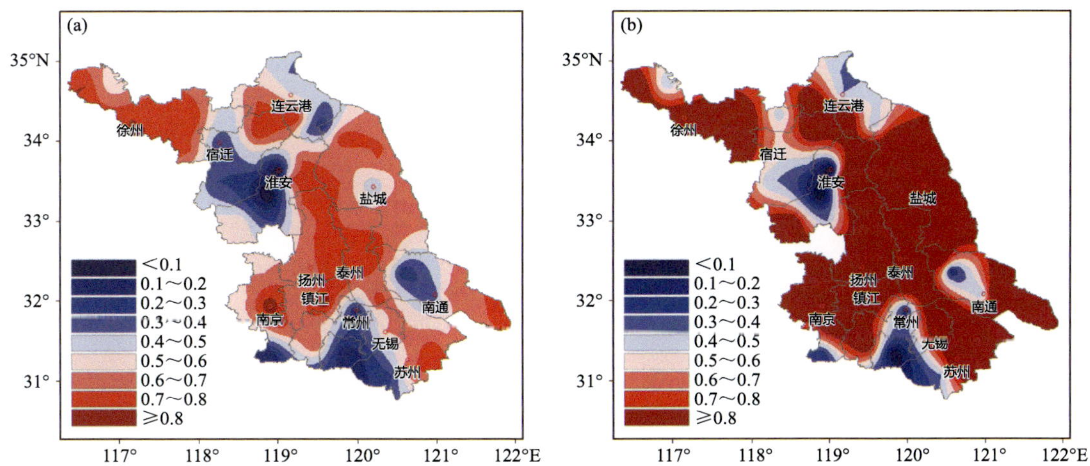

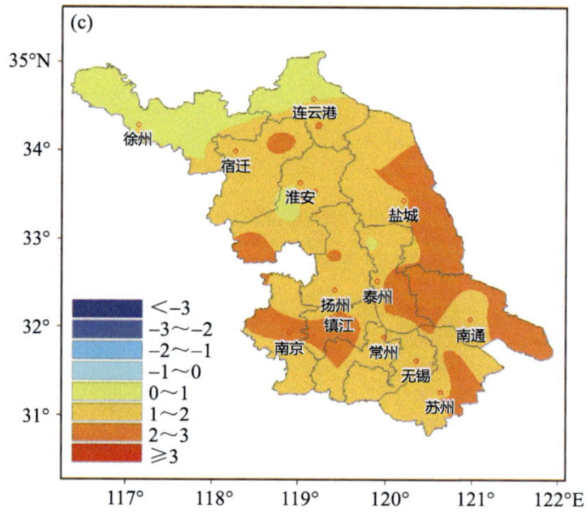

图 4.6　2018 年 11 月 29 日起报 12 月最低气温距平的前 10 个相似预报集合(a)、前 5 个相似预报集合(b)和实况(c)

2018 年 12 月延伸期旬预报试验情况。图 4.7 给出了 2018 年 11 月 29 日起报的 12 月第 2 旬的 10 个相似样本结果，按照最相似顺序排序，与实况(图 4.8c)对比发现，6 个相似样本抓住了 12 月第 2 旬最低气温北低南高的特征，4 个相似样本预报的是全省一致偏低。比较前 10 个相似样本集合和前 5 个相似样本集合的结果(图 4.8a,b)发现，反映的区域趋势较为一致，均抓住了淮北北部偏低、其他大部地区偏高的特征，前 5 个样本对于偏高区域的范围预报得更准确。说明动力相似预报模型对于提前 10 d 对旬最低气温距平的预报具有较高技巧，能把握住正确趋势。

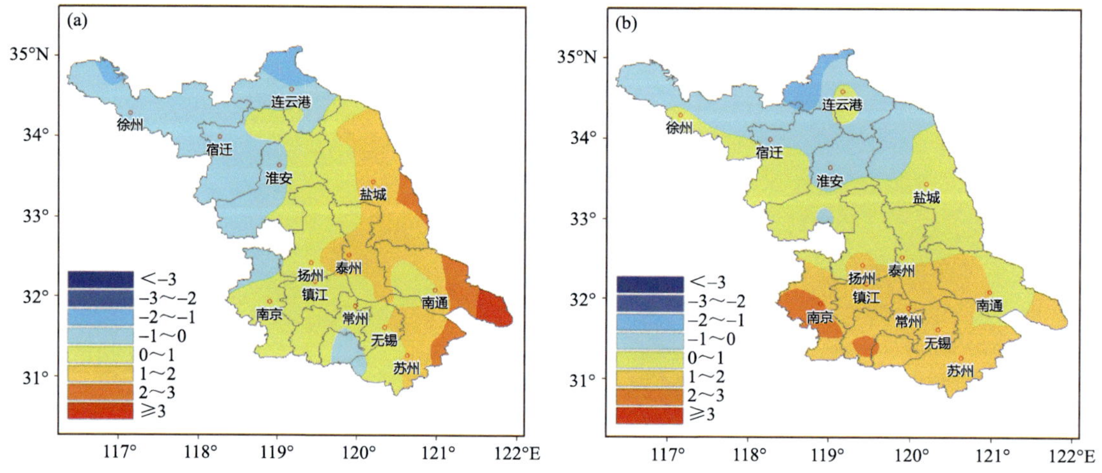

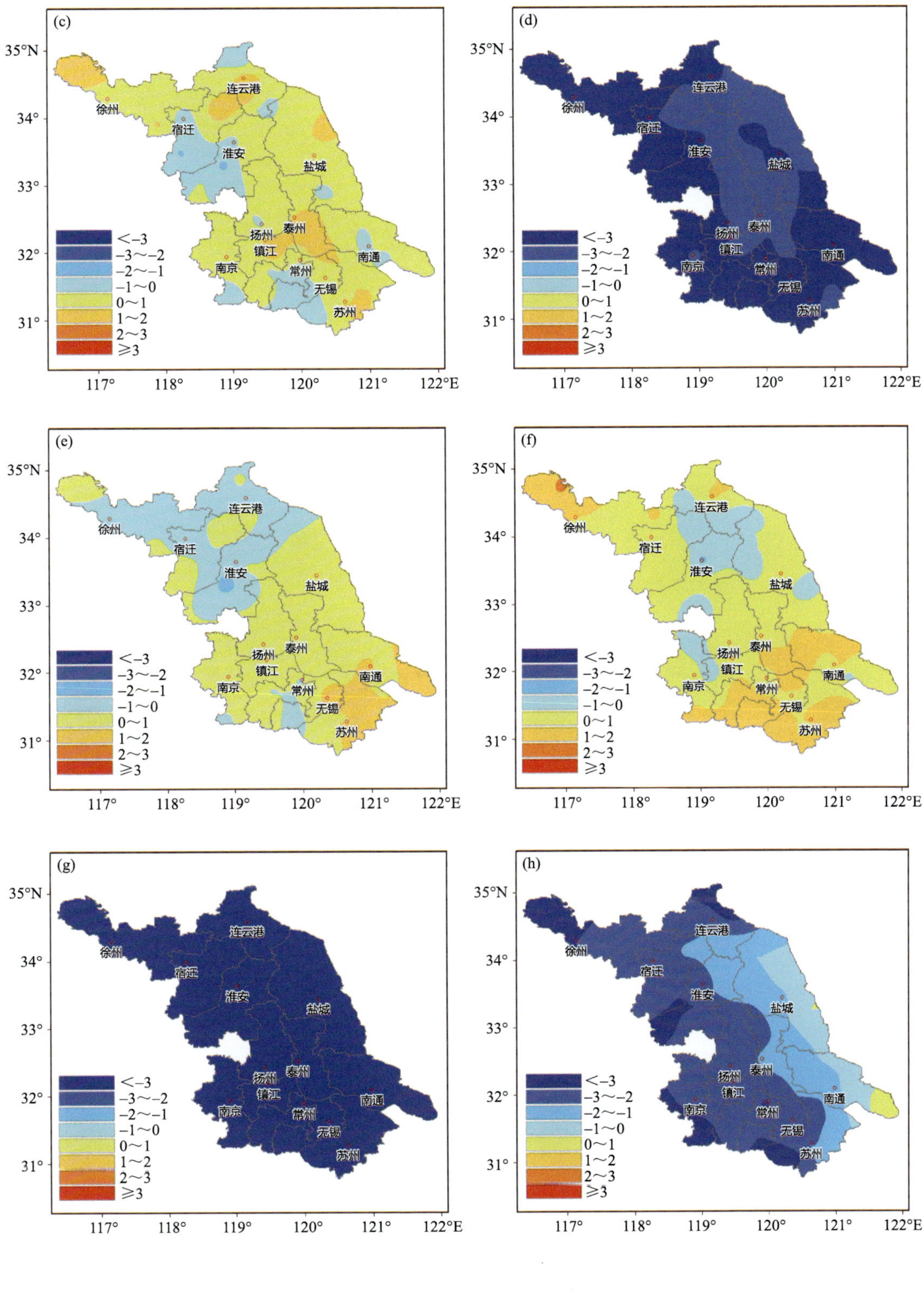
(c)
(d)
(e)
(f)
(g)
(h)
35°N
34°
33°
32°
31°
117°
118°
119°
120°
121°
122°E
连云港
徐州
宿迁
淮安
盐城
扬州
泰州
镇江
南通
南京
常州
无锡
苏州
<−3
−3～−2
−2～−1
−1～0
0～1
1～2
2～3
≥3

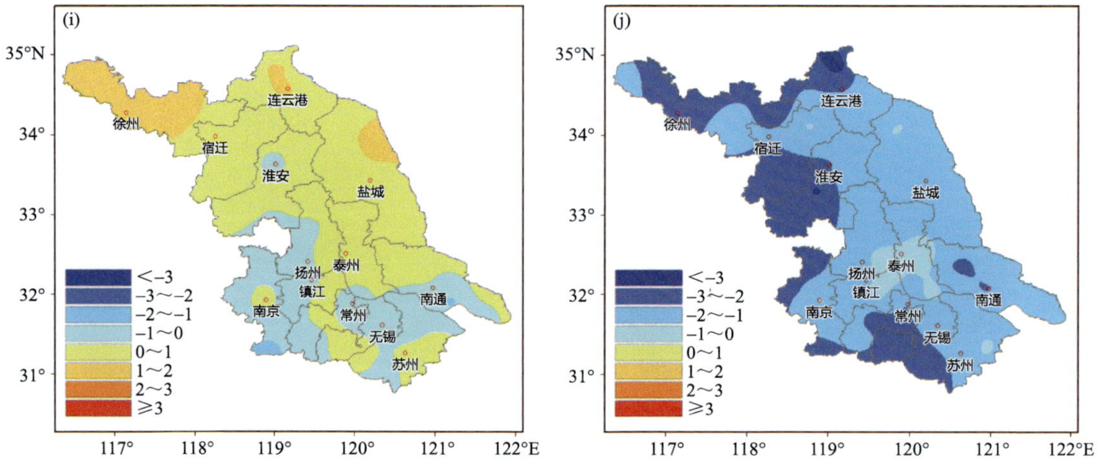

图 4.7　2018 年 11 月 29 日起报的 12 月第 2 旬最低气温距平
(a)～(j)前 10 个相似预报结果

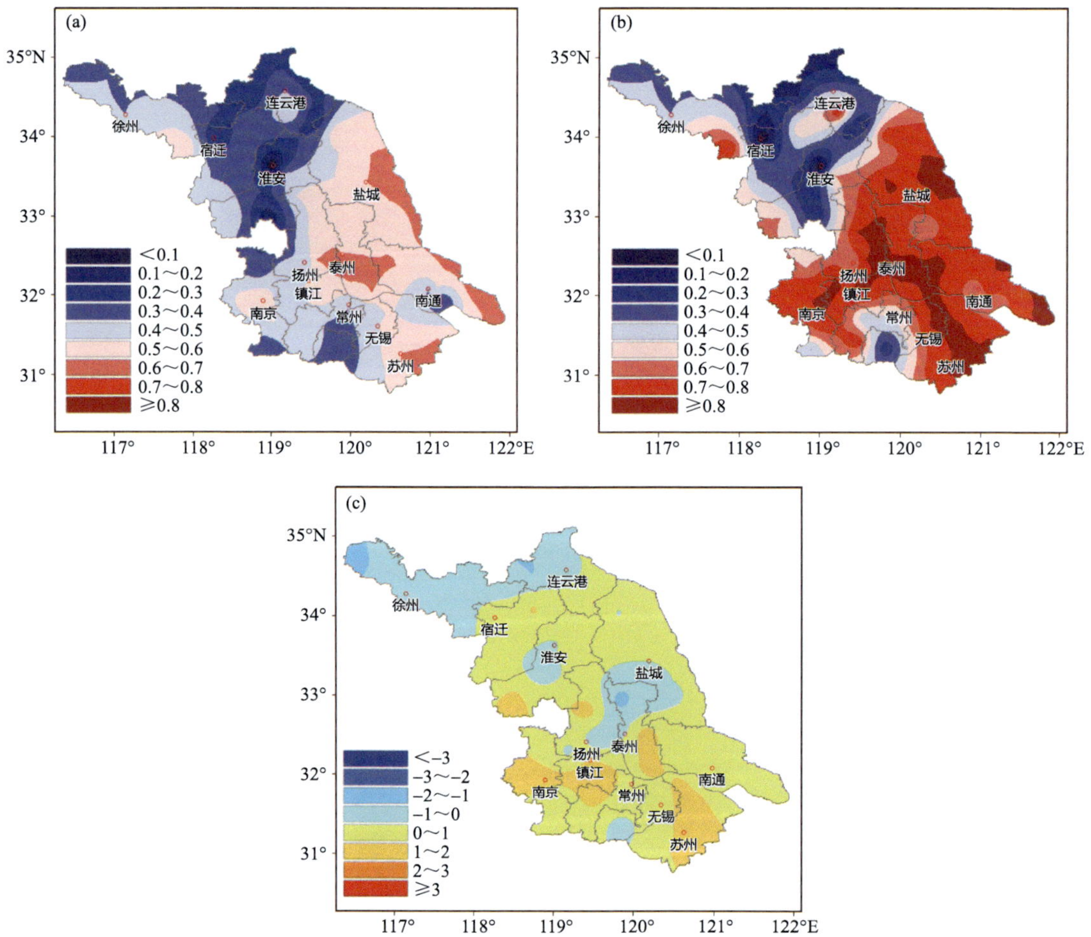

图 4.8　2018 年 11 月 29 日起报的 12 月第 2 旬最低气温距平前 10 个相似预报集合(a)、
前 5 个相似预报集合(b)和实况(c)

图 4.9 给出了 2018 年 11 月 29 日起报的 12 月第 3 旬的 10 个相似样本结果，按照最相似顺序排序，与实况(图 4.10c)对比发现，6 个相似样本抓住了 12 月第 3 旬最低气温偏高的特征，4 个相似样本反映出偏低的趋势。比较前 10 个相似样本集合和前 5 个相似样本集合的

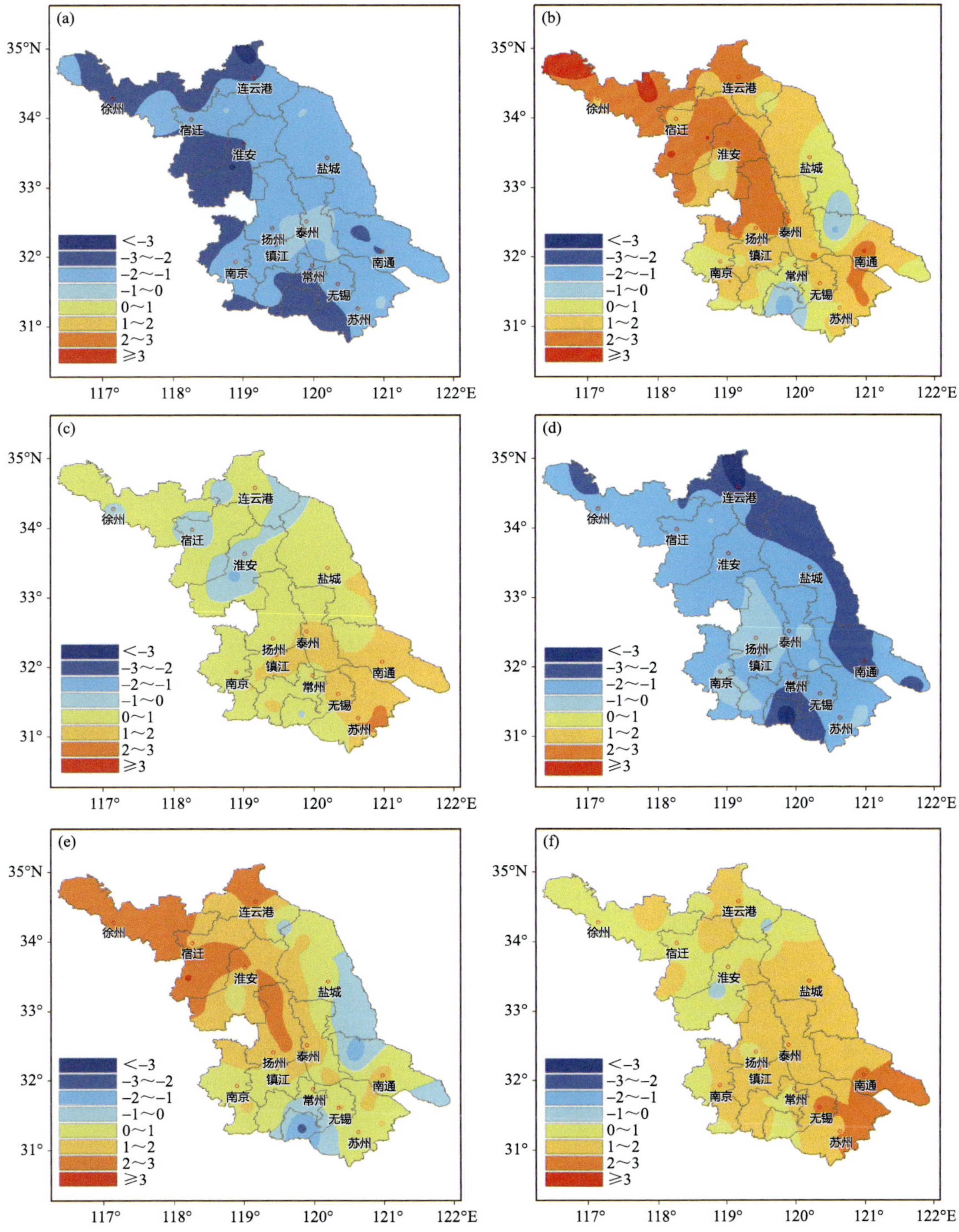

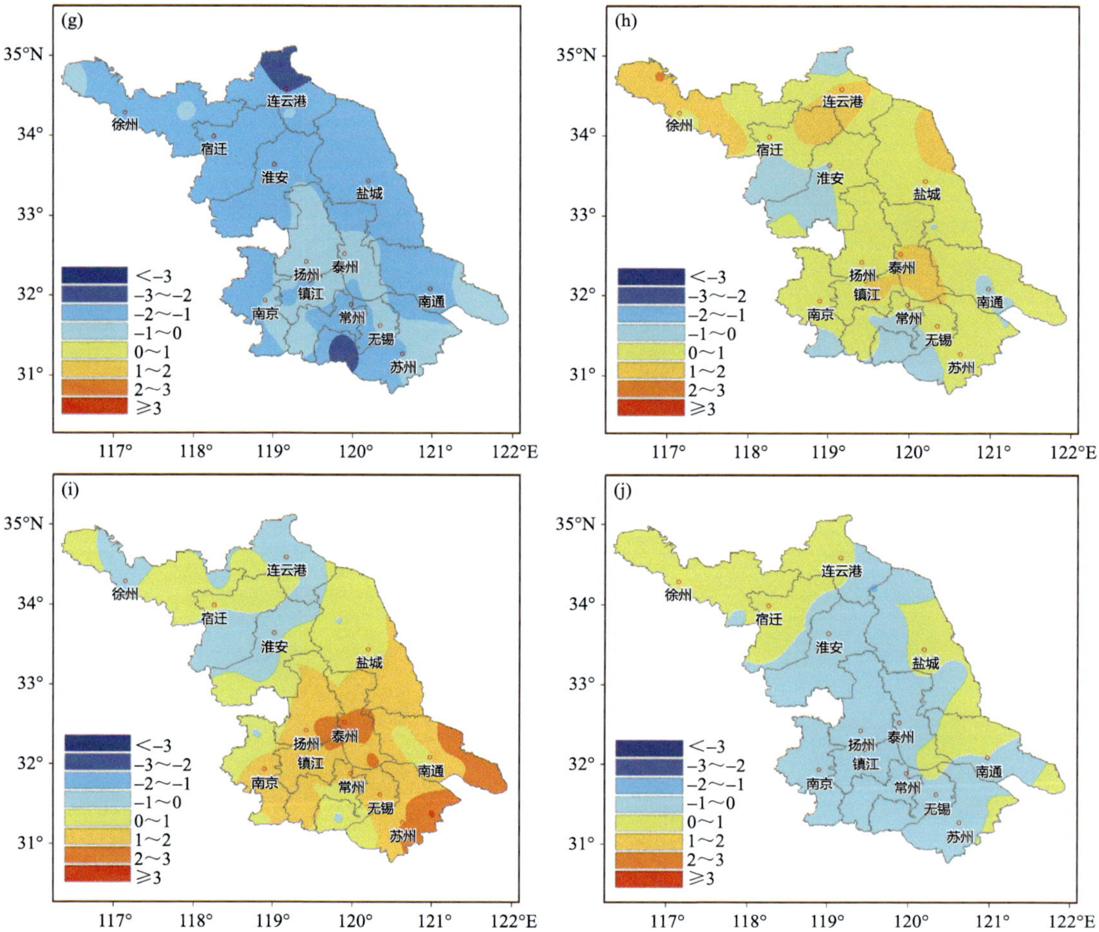

图 4.9　2018 年 11 月 29 日起报的 12 月第 3 旬最低气温距平

(a)～(j)前 10 个相似预报结果

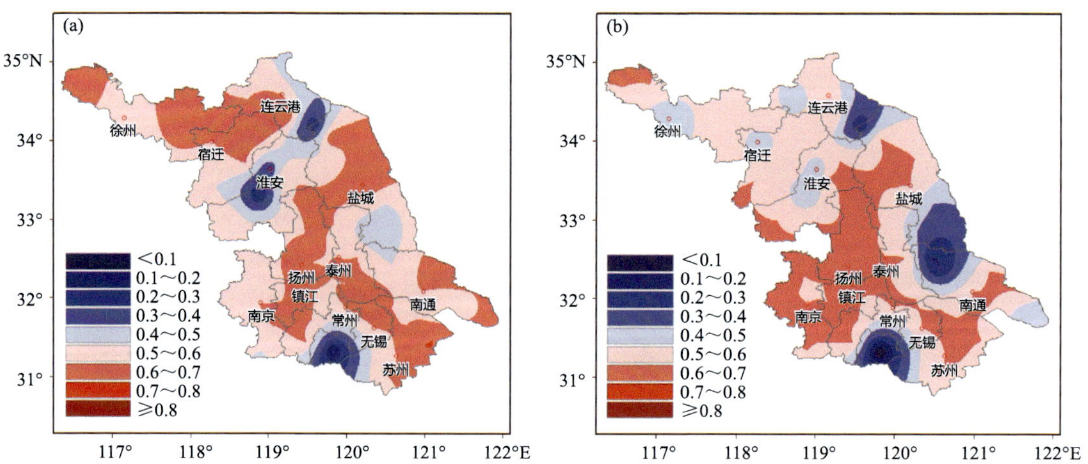

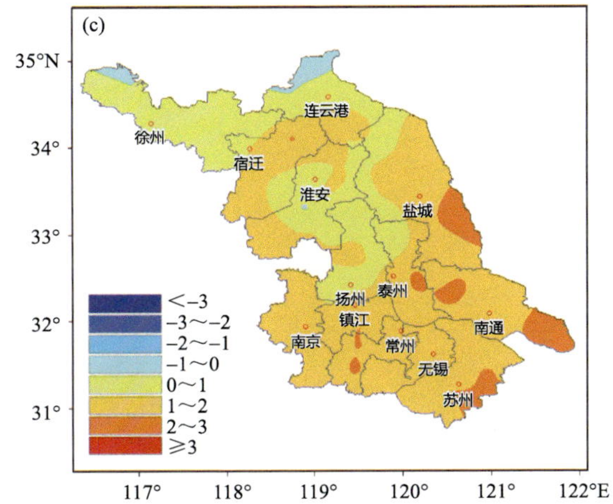

图 4.10　2018 年 11 月 29 日起报的 12 月第 3 旬最低气温距平前 10 个相似预报集合(a)、前 5 个相似预报集合(b)和实况(c)

结果(图 4.10a,b)发现,反映的区域趋势较为一致,基本上都抓住了大部分地区偏高的特征,但对区域低温的预报与实况不符。说明动力相似预报模型对于提前 20 d 对旬最低气温距平的预报具有一定技巧,能把握住正确趋势。

2018 年 12 月延伸期过程预报试验情况。图 4.11 给出了 2018 年 11 月 29 日起报的南京站 12 月 10 个相似样本的延伸期过程预报结果,按照相似顺序排序,与实况对比发现,实况中南京站在 2018 年 12 月 6—7 日、22—23 日和 26—27 日出现了 3 次较为明显(降温幅度超过 4 ℃)的降温过程,在延伸期时段(10～30 d)有 2 次降温过程,根据相似样本的预报,有 7 个样本显示在 22—23 日有降温过程,有 9 个样本显示在 26—27 日有降温过程,虽然降温幅度和实况有所差距,但是对过程的把握还是可以的。说明动力相似预测模型对于延伸期降温过程的预报具有一定技巧。

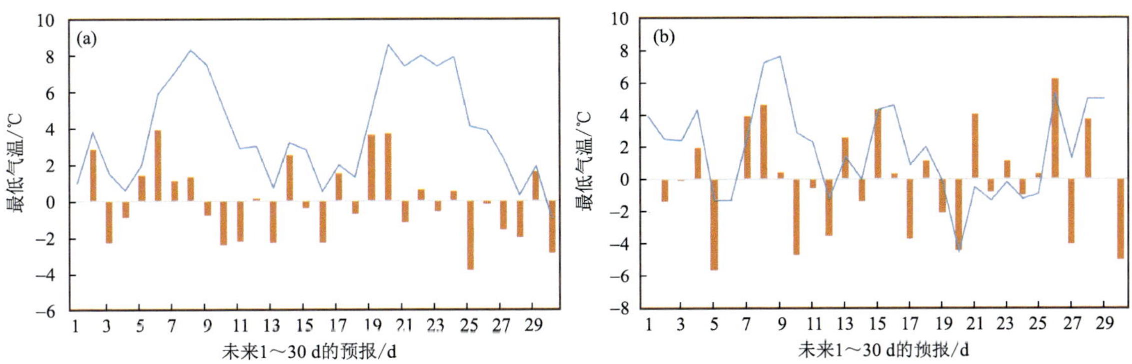

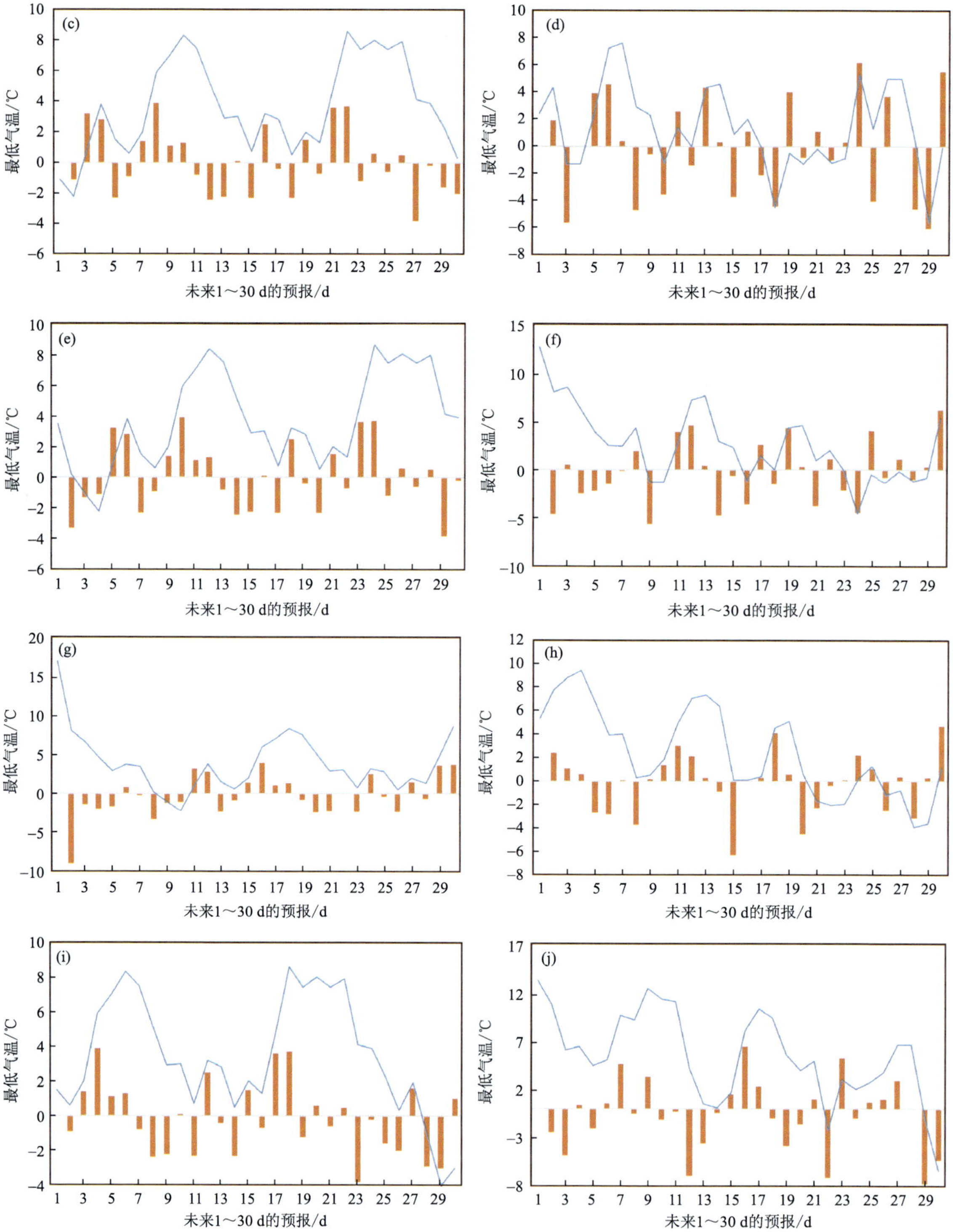
(c)
(d)
(e)
(f)
(g)
(h)
(i)
(j)
最低气温/℃
未来1～30 d的预报/d

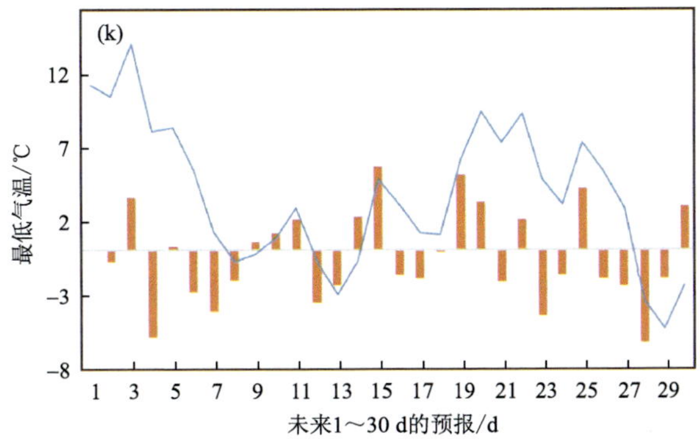

图 4.11　2018 年 11 月 29 日起报 12 月第 3 旬最低气温距平前 10 个相似预报集合(a)～(j)和实况(k)

4.3.4　深度神经网络预测夏季降水

(1)算法介绍

数据和算法是气象预报预测的核心。随着观测手段及预报预测业务的发展，气象数据的覆盖范围广、时间频次高，为利用机器学习算法提升气象预报预测水平提供了有力的数据支撑和技术基础。此外，天气气候系统是典型的非线性复杂系统，预报预测涉及的要素多，关系复杂。传统的预测方法存在一定的缺陷，其中，天气学方法主要依赖预报员的主观经验，而统计学方法则没有充分利用已知的物理规律，二者都很难实现真正意义上的非线性预报。20 世纪 90 年代，已有相关研究工作尝试将人工神经网络应用于夏季降水预报中。近十几年来，机器学习技术在气象预报领域得到了越来越多的应用，已有一些学者将机器学习应用于短临预报和天气模式的预报订正中，研究表明，利用机器学习方法和观测预测数据可以实现有效信息的提取，实现更准确的天气预报；也有一些研究人员在极端气候事件、环流异常、全球温度变化等方面进行了探讨。基于机器学习的方法，利用多因子建模开展对我国汛期区域降水的预测，近年来也已取得了一些突破性进展。例如，Wei 等(2020)用决策树的方法尝试构建了我国汛期降水预测模型，Tong 等(2019)发展了一套递归随机森林方法，从中国气象局国家气候中心发布的 88 个环流因子中选取出影响华北降水异常的决定性因子，Gao 等(2019)则运用多元 Logistic 回归的方法建立了中国东部降水的客观预测模型。这些研究成果无疑为进一步提升季节预测准确率提供了一个新的研究方向。DNN 模型可以尝试从样本量较小的气候数据中发现和学习复杂非线性特征(Shanks，1967；Torrence et al.，1998；Thompson et al.，2000；郑志海 等，2013)。

DNN 是在感知机的基础上发展出来的一种具有多个隐含层的人工神经网络(Schmidhuber，2015)，常见的 DNN 结构如图 4.12 所示。DNN 内部的神经网络层可以分为 3 类，输入层、隐藏层和输出层，第一层是输入层，最后一层是输出层，中间的都是隐藏层。数据经输入层进入网络，其维度由实际输入数据的维度决定，经过各层向后流动，最后到达输出层输出。

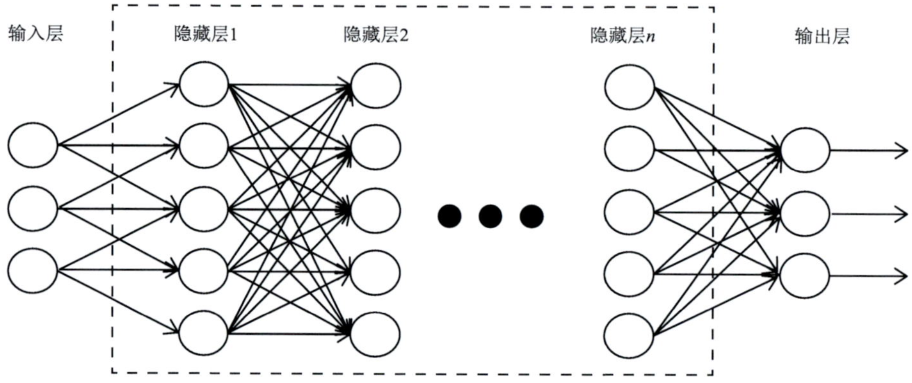

图 4.12　DNN 模型的基本结构

网络中间有 n 个隐藏层，每层含有若干个神经元，层与层之间是全连接的，如第 i 层的任意一个神经元一定与第 $i+1$ 层的任意一个神经元相连，对于每个神经元之间的局部模型来说，计算包含线性变换和激活函数两部分，激活函数是用来加入非线性因素，解决线性模型所不能解决的问题。不同网络层之间是由激活函数来模拟神经元对激励的响应，通过选择不同的激活函数以及动态阻断前后层神经元之间的连接，可以使模型更好地学习到数据的非线性特征，避免出现过拟合的情况。常用的激活函数有双曲正切函数、线性整流函数、泄露线性整流函数等，这里使用的是线性整流函数，其优势在于可以解决梯度消失问题，还能加快收敛速度，提高学习速度。

DNN 的训练过程包含前向传播算法和后向传播算法两个步骤：第一步是前向传播算法，进行一系列线性运算和激活运算，从输入层开始，一层层向后计算，一直到输出层，得到输出结果。第二步是反向传播算法，选择一个损失函数，也就是误差评定标准，度量训练样本计算出的输出和真实的训练样本输出之间的损失，对这个损失函数进行优化求最小化的极值过程中，反向不断对一系列线性系数和偏倚向量进行更新，直到达到预期效果。

使用了轻量级梯度提升机（Light GBM）、随机森林（RF）、支持向量机（SVM）等机器学习方法和线性回归（LR）方法预测江苏省夏季降水，对比不同模型的学习和泛化能力，选出最优模型。利用 DNN、Light GBM、RF、SVM、LR 方法和方案 4 预测江苏省夏季降水距平百分率，将 1961—2014 年作为训练时段，2015—2019 年作为预测时段。表 4.6 为预测的误差分析结果，综合考虑平均绝对误差和均方根误差两个指标，DNN 模型较其他方法有一定的优势，故选择 DNN 模型做进一步的预测实验。

表4.6 不同方法得到的江苏省夏季降水预测误差分析

模型名称	平均绝对误差	均方根误差
DNN	0.1877	0.2598
Light GBM	0.1996	0.2638
RF	0.2120	0.2810
SVM	0.2615	0.3435
LR	0.2242	0.2957

(2)评价指标

均方根误差(RMSE)和平均绝对误差(MAE)是机器学习常见的回归评价指标,其误差值越小,代表模型预测技巧越高。这里主要参考这两个指标来判断不同的机器学习方法对预报对象的适用性。气候趋势预测评分(PS)、距平符号一致率(SC)和距平相关系数(ACC)是我国气候预测业务中常用的预测准确率评价指标,主要用于对江苏省夏季降水预测结果的评估。

此外,采用交叉检验和独立样本检验两种方式来评估模型的预测技巧。为了避免模型过拟合,提高模型泛化能力,增强模型的实际业务应用能力,下面将1961—2014年作为训练时段,将2015—2019年作为预测时段,来检验模型的实际预测能力。

(3)预测因子

预测因子的选取是建立预测模型非常重要的部分,因子选择是否合适对预测模型的结果有很大影响。这里考虑将130项指数在当年1月、2月因子和前一年3—12月的因子作为预测前兆信号使用,共130×12=1560个因子,对因子进行了初步筛选,把缺测较多的因子去掉,参加建模的共1153个因子。因子中既包含了年际因子的变化,也包含冬春季因子变化对后期的影响。考虑到因子的物理意义,将其分为3组,即大气环流因子组、海温因子组和其他因子组。对比试验中,在因子组合上考虑了5种方案,方案1~3是单独考虑大气环流因子、海温因子和积雪等其他因子,方案4是包括所有预测因子,方案5将前3种方案融合后的动态权重集合(表4.7),5种方案的计算流程如图4.13所示。方案5是将方案1~3的模型作为基础模型,将3个方案产生的预测结果作为方案5的预测因子进行训练,构建预测模型,最终得到动态的加权模型,加权模型能够在一定程度上降低预测误差。

表4.7 5种方案的因子选择组合

方案序号	所采用的因子场
方案1	大气环流因子
方案2	海温因子
方案3	积雪等其他因子
方案4	所有因子(大气环流因子、海温因子和积雪等其他因子)
方案5	方案1~3的动态权重集合

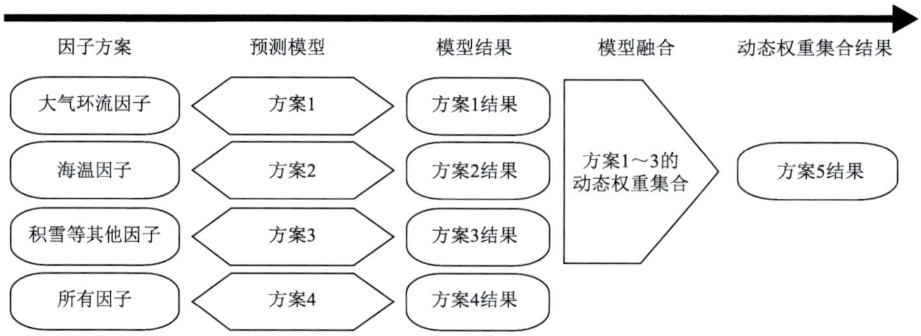

图 4.13　5 种因子方案与计算流程示意图

(4)预测模型

由于不同站点的实际地形、气候特征存在差异，针对江苏 67 个站点分别搭建 DNN 模型，并对每个模型的参数进行调优，需要调优的参数如表 4.8 所示。DNN 模型是基于 PyTorch 框架进行的，其中隐含层节点数对应了每层提取的数据特征，节点数过少无法提取到足够多的数据特征，节点数过多会出现数据过拟合的现象，隐含层节点参数设为 10,20,50,100 共 4 种。神经网络层数为 5～10 层，通过对比不同层数模型的训练效果，确定最优隐含层数。训练批次是模型的训练迭代次数，学习率决定了模型梯度更新的快慢，学习率在训练中初始值为 0.01，随着模型训练迭代学习率逐渐减少至 0.0001，这样可以保证训练前期模型较快收敛到最优值附近，训练后期又能够更精确地找到全局最优解。此外，激活函数能够使模型更好地学习到数据的非线性特征，经过对比参数方案中的 3 种激活函数发现，ReLU① 激活函数在实际预测中能够起到更好的效果。为了避免数据出现过拟合，在模型训练中采用十折交叉验证，每个训练批次中都将 1961—2014 年的逐年数据随机分成 10 份，每一份数量不需要完全相同。轮流将其中 9 份作为训练数据、1 份作为验证数据，循环进行 10 次后，针对每年数据都有 10 个验证结果，10 个验证结果的误差平均作为该训练批次的交叉验证误差，在训练达 200 个批次时取验证误差最小的作为最优模型。

表 4.8　DNN 网络参数

参数名	含义	参数值	值类型
Epoch_num	训练批次	200	Integer
Learning_rate	学习率	0.01～0.0001	Float
Dropout_prob	随机失活率	0.1～0.3	Float
Activation	激活层函数	ReLU	String
Layers	神经网络层数	5～10	Integer
Kernel	单层神经元数量	10,20,50,100	Integer

① ReLU 全称为 Rectified Linear Unit，是一种人工神经网络中常用的激活函数名称。

(5)预测结果分析

利用参数调优后的 DNN 模型预测 1961—2019 年江苏省 67 站夏季降水距平百分率,并与观测结果进行对比。图 4.14 给出 1961—2014 年训练时段江苏省区域平均夏季降水距平百分率观测与预测结果的对比。方案 1～5 模拟的江苏省夏季降水与观测值的年际变化几乎一致,两者相关系数都在 0.99 以上,达到 0.001 的显著性水平。而 2015—2019 年预测时段,方案 1～5 模拟的江苏省夏季降水与观测值存在一些差异。下面将定量化评估预测时段的预测效果。

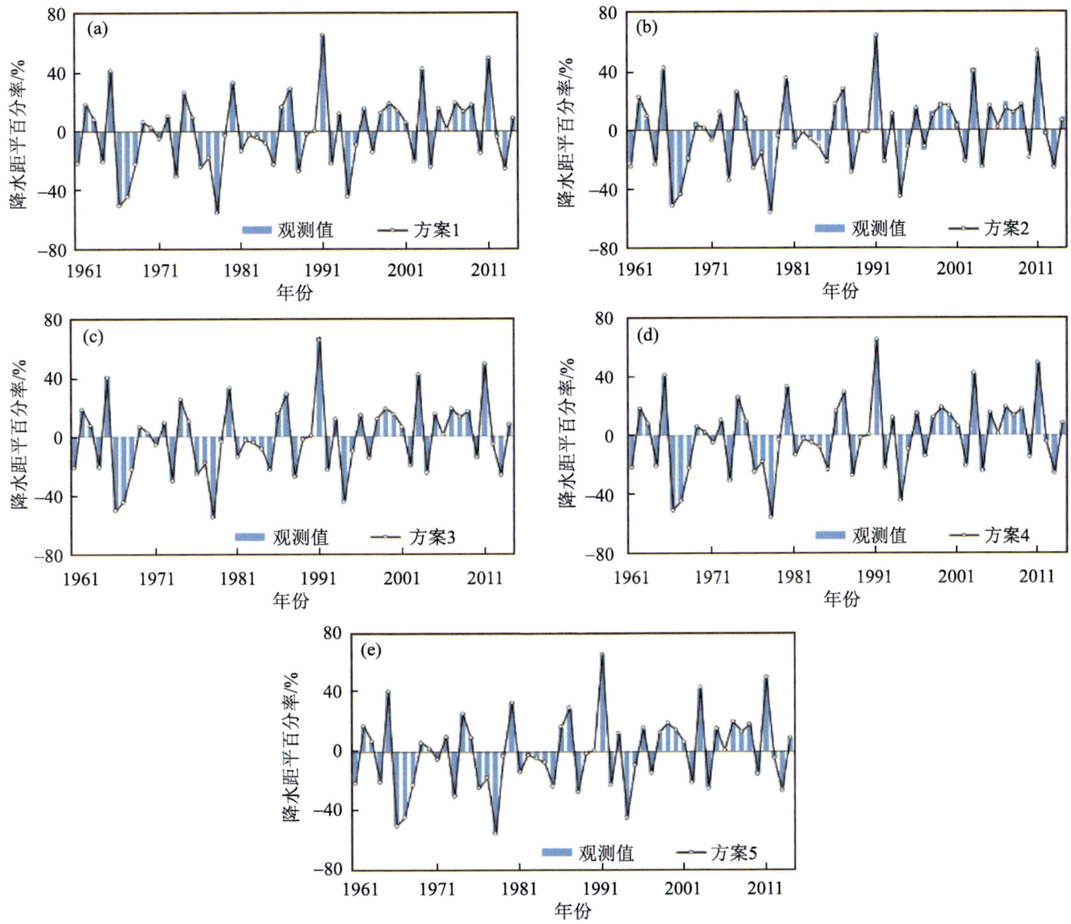

图 4.14　1961—2014 年江苏省区域平均夏季降水观测(蓝色柱状)与训练期模拟结果(黑线)的逐年变化

对 5 种方案的训练时段和预测时段分别进行了评分。5 种方案在训练时段的交叉预报检验结果都具有很好的评分(表 4.9),PS 评分在 97.0～99.2 分,距平符号一致率在 93%～98%,ACC 评分在 0.95～0.99。但预测时段的独立样本预报检验结果存在较大差异(表 4.9 和图 4.15)。在方案 1 中,只使用大气环流因子,其 5 年回报的 PS 评分为 77.7 分、距平符号一致率为 64%,ACC 评分达 0.34,总体效果不错。方案 2 只使用海温因子,方案 3 只使用积

表 4.9　5 种方案的交叉预报检验和独立样本预报检验

方案序号	1961—2014 年交叉预报检验			2015—2019 年独立样本预报检验		
	PS 评分/分	距平符号一致率/%	ACC 评分	PS 评分/分	距平符号一致率/%	ACC 评分
方案 1	98.3	96	0.98	77.7	64	0.34
方案 2	97.0	93	0.95	58.4	42	−0.06
方案 3	98.0	95	0.98	72.6	54	0.13
方案 4	98.6	97	0.99	74.0	60	0.30
方案 5	99.2	98	0.99	76.4	62	0.35

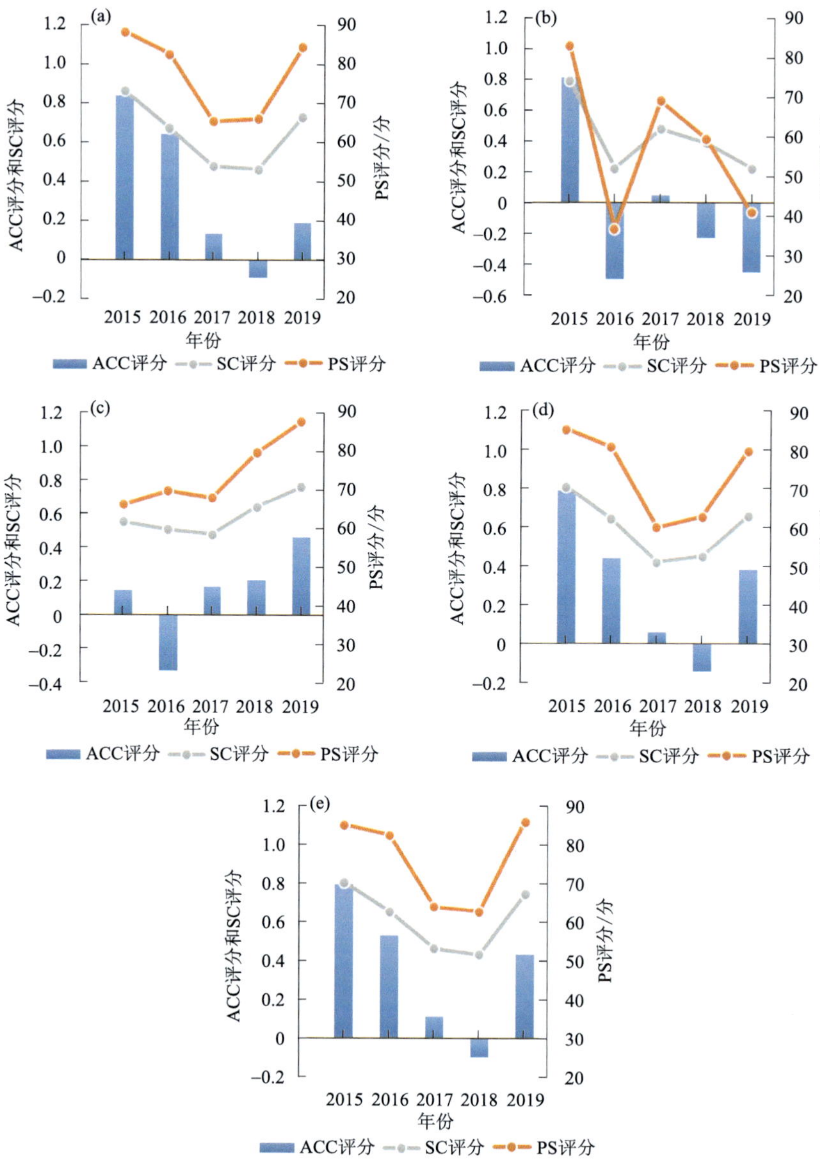

图 4.15　5 种方案对江苏省夏季降水 2015—2019 年的独立样本预报检验评分

((a)～(e)分别代表方案 1～5)

雪等其他因子，尽管这两个方案建模在训练期的交叉检验结果仅比方案1稍差，但独立样本检验结果不太理想，方案2的5年平均ACC评分为负值。方案4是考虑了大气、海温、积雪等所有因子，训练期的交叉预报检验结果评分较方案1有所提升，但独立样本检验结果不如方案1。方案5是方案1～3的动态权重集合，包含了所有预测因子和不同因子方案的信息，具有集合的思想，建模的交叉预报检验结果有明显提升，且独立样本检验结果也较为稳定，PS评分为76.4分，距平符号一致率为62%，ACC评分的5年均值达到了0.35，逐年的交叉预报检验结果仅有1年为负值，表明其预测结果相对稳定，预测结论有较好的参考价值。

进一步对方案5的逐年空间预报结果与观测进行对比分析。在2015—2019年预测时段，2015年（图4.16a）和2019年（图4.16c）的江苏省夏季降水空间分布类型有显著差异。2015年江苏省降水以偏多为主，主雨带位于苏南地区，而2019年江苏省降水则以整体偏少为主。对比这两年的预测结果（图4.16b，d）可以看到，预测的空间型与实况基本相符。此

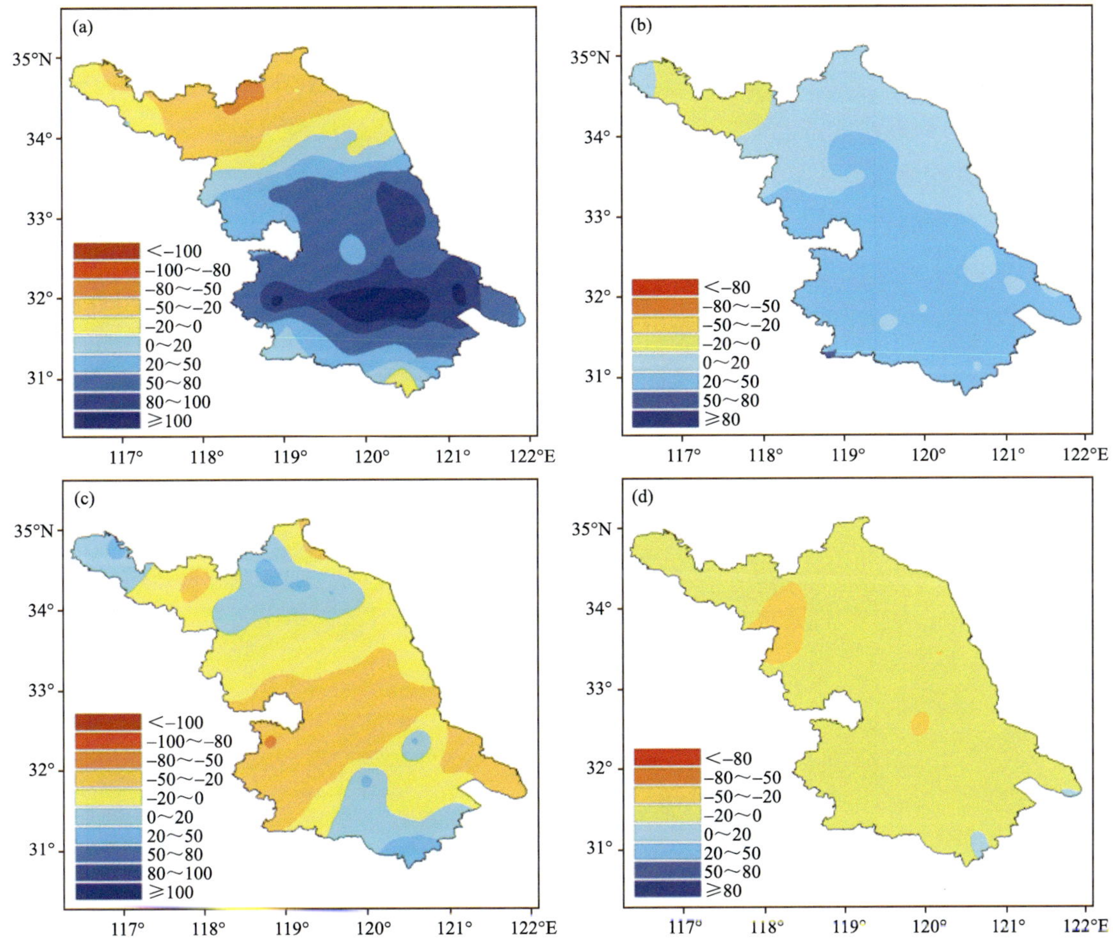

图4.16　2015年、2019年观测的和方案5预测的江苏省夏季降水距平百分率分布（单位：%）
（a）2015年观测，（b）2015年预测，（c）2019年观测，（d）2019年预测

外，2015 年预报偏多 2 成以上的区域与实况较为一致，2019 年偏少 2 成以上的区域也有所体现，可见，预测结果对偏多或者偏少的异常量级把握也较好，在一定程度上能够预测出降水的极端性。这说明 DNN 结合动态权重集合方案的预报模型对江苏省夏季降水具备较好的预测能力。

江苏省夏季降水根据时空演变特征可以从南至北划分为苏南、江淮之间和淮北 3 个区域（吕军 等，2006）。图 4.17 给出了苏南地区（30.5°～32.0°N，118.5°～122.0°E）、江淮之间地区（32.0°～33.5°N，118.0°～121.0°E）和淮北地区（33.5°～35.0°N，116.5°～120.5°E）3 个区域的降水预测与观测实况的对比。降水预测结果成功地再现了 2015—2019 年苏南夏季降水的下降趋势，距平符号一致率为 100%，5 年预测值和观测值都非常接近（图 4.17a）。预测（图 4.17b）也很好地呈现出 2015—2019 年江淮之间夏季降水的下降趋势，距平符号一致率为 80%，2016 年、2017 年和 2019 年预测和实况非常接近，尤其是 2017 年二者几乎相等。淮北地区降水预测结果（图 4.17c）和实况在前两年存在一些差异，后 3 年较为一致，距平符号一致率为 60%，其中，2017 年、2018 年预测和实况趋近于一致。由前面的分析可知，2018 年江苏全省预测效果不理想，从分区域预测和实况对比来看，主要是由于江淮之间地区预测与观测趋势相反，而苏南和淮北地区均把握住了偏少的趋势。可见，DNN 结合动态权重集合因子的预报方案能够较好地预测江苏夏季降水，预测技巧存在一定区域差异，对江苏中部和南部的预测技巧更高，独立样本检验期 5 年评分江淮之间地区的 PS 评分为 78.4 分，ACC 评分为 0.39；苏南地区的 PS 评分为 74.9 分，ACC 评分为 0.34。表明模型对江苏中南部地区夏季降水具有更高的预测能力和业务应用价值。

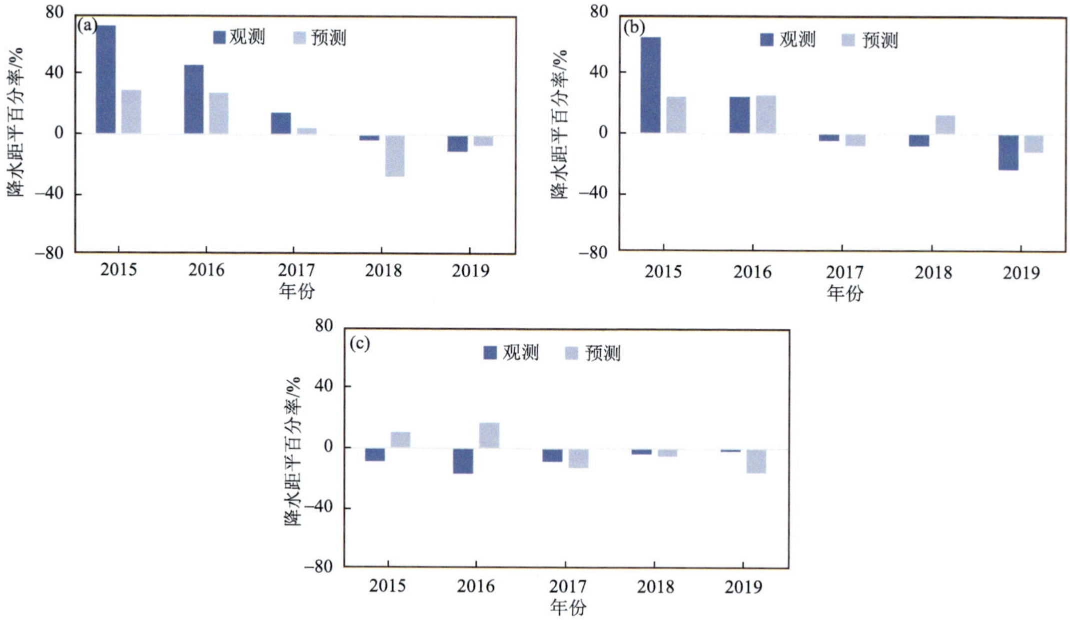

图 4.17　2015—2019 年江苏省不同区域夏季降水的 DNN 动态权重集合方案预测结果与观测实况

(6)预测因子的讨论

深度学习在气象中的应用还处在初级阶段，这种数据驱动的方式有可能发现过去未知的规律和内在联系，从而推动气象领域新认识。可解释性一直是人工神经网络发展的重大方向，受制于模型的复杂性以及人们对模型可解释性的认知，DNN 还很难像传统的统计方法或气候模式一样，找到相对直观的物理机理解释。这里，试图通过对比试验来初步讨论不同因子方案对预测结果的影响。

图 4.18 是预测时段使用不同因子方案的 DNN 预测结果与江苏区域平均夏季降水实况的对比。与观测实况相比，DNN 方法整体预测能力在 2015 年、2016 年、2019 年较好，大部分方案把握住了降水偏多或偏少的异常趋势，2015 年方案 1、方案 2、方案 4、方案 5 和 2016 年方案 1、方案 4、方案 5 都预测出偏多 2 成以上，偏多异常级预测正确，2019 年方案 1、方案 4、方案 5 都预测出偏少 2 成以内，其中，方案 5 与实况完全一致，而 2017 年、2018 年预测效果不太理想。比较不同方案发现，大气环流因子、所有因子和动态权重集合的方案都能较好地模拟出江苏夏季降水的趋势变化特征，动态权重集合方案与实况值更为接近、更加稳定，而海温因子和积雪等其他因子的方案模拟能力年际差异较大，在特定年份表现出技巧，方案 2 在 2015 年、2016 年与观测值接近，这可能与这两年处于超强厄尔尼诺背景有关；方案 3 在 2018 年、2019 年与观测值接近，这可能与这两年高原积雪异常信号较为明显有关(2017/2018 年冬季高原积雪偏少，2018/2019 年冬季积雪则异常偏多)。这说明海温和积雪等其他因子在异常信号显著时对江苏省夏季降水预测也有正贡献。

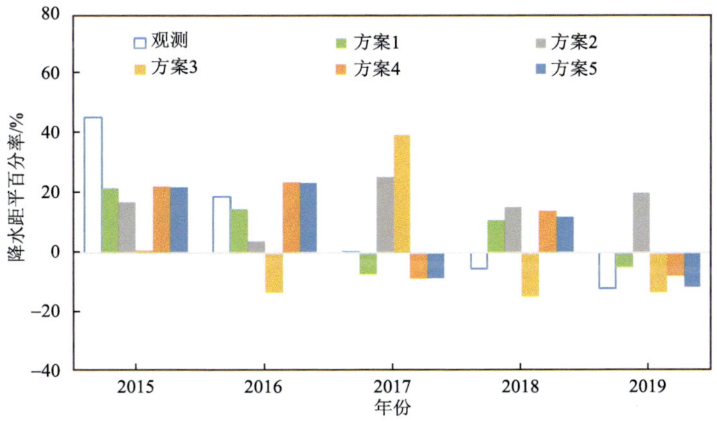

图 4.18　2015—2019 年逐年江苏省区域平均夏季降水实况与不同因子方案 DNN 预测结果的对比

表 4.10 给出了 2015—2019 年 DNN 结合不同方案的预测结果与观测的误差指标对比。总体来看，方案 2 和方案 3 预测结果的误差较大，方案 1、方案 4、方案 5 误差较小，从误差分析结果来看，方案 5 最佳。误差指标对比的结果同样是大气环流因子、所有因子和动态权重集合的方案效果较好，动态权重集合方案的误差最小。综上所述，大气环流因子在江苏省夏季降水预测中占主要贡献，海温因子和积雪等其他因子的贡献在不同年份存在差异，动态权

重集合方案预测效果最好。

表 4.10　2015—2019 年不同因子方案 DNN 预测江苏省夏季降水与观测的误差指标对比

数据结果	平均绝对误差	均方根误差
方案 1	11.8	13.9
方案 2	24.5	25.2
方案 3	25.5	30.7
方案 4	12.1	14.5
方案 5	11.0	13.9

本书中使用近几十年的观测数据建模，但实际上与机器学习方法建模所需要的大量数据样本相比，还存在较大差距，会增加模型获得稳定有效特征的难度，同时数据样本不够还会导致出现过拟合问题。为了避免模型出现过拟合，本书在模型训练中采用了随机失活和十折交叉验证两种优化方法，随机失活即在训练过程中随机将部分隐含层节点的权重归零，十折交叉验证通过重复运用随机产生的子样本进行训练和验证，能够很大程度上避免数据过拟合的问题。但由于气候数据样本有限，如何在提高拟合精度的同时避免过拟合确实是个难题。这也是机器学习在气候领域应用遇到的瓶颈之一。Tong 等(2019)曾提出通过对多种(88 个)可能因子基于传统气候学分析先分类，再通过递归式随机森林的方法进行建模，通过特征工程从原始数据中挖掘、构造更加有效的特征数据，有助于减小过拟合问题，提升模型的预测精度。这也为下一步工作提供了思路，在 DNN 的训练和应用中可以通过数据的特征提取、构造更多有效特征，来减少样本量不足的问题，提升模型预测效果。

4.4　江苏重大气候预测服务实例

4.4.1　南京青年奥林匹克运动会服务

江苏省气候中心分别在 2014 年 3 月 6 日、4 月 22 日和 5 月 29 日编制了 3 份专题服务材料，针对青年奥林匹克运动会期间气候背景及开(闭)幕式当天天气的滚动预测，提出对策和建议。6—8 月，针对 8 月 16—28 日这个时段，制作发布了 7 期气温、降水趋势及强降水过程的滚动预测，取得了很好的服务效果。

2014 年 8 月 16—28 日，第二届青年奥林匹克运动会在南京举行。据历史气象资料分析，青年奥林匹克运动会期间，适逢南京盛夏季节，短时强降水、雷电、瞬时大风、高温等不利天气较多，出现降水的概率为 41%、雷电概率为 23%、定时风速超过 4 m/s(对田径有较明显影响)的概率为 11%、高温概率为 11.4%。开幕式(8 月 16 日)当天降水概率为 34.9%，出现雷电、高温天气的可能性较大；闭幕式(8 月 28 日)当天降水概率为 41.3%，出现雷电天气的可能性较大。提出建议:提前制定应对不利天气应急预案,确保赛事及各项活动顺利进行,科学安排赛事,室外赛事最好避免安排在 13—15 时举行;做好重要设备和露天赛场雷电防护,确保人员和设备安全。

据历史气象资料分析,第二届青年奥林匹克运动会开幕式(8 月 16 日)当天降水概率为 34.9%,但出现短时强降水的概率小,出现雷电和高温的概率大,尤其是 13—16 时出现持续 35 ℃以上高温天气的可能性最大;闭幕式(8 月 28 日)当天降水概率为 41.3%,但出现短时强降水的概率小,出现雷电天气的概率大,15 时、16 时出现 35 ℃以上高温的概率最大。开(闭)幕式当日,短时强降水、雷电、瞬时大风、高温等不利天气较多。7 月底江苏省气象局和国家气候中心联合进行了专题会商,旨在做好青年奥林匹克运动会期间和开(闭)幕式滚动预报服务。

4.4.2　2022 年夏季高温干旱服务

2022 年夏季,江苏省高温总体呈现为出现时间早、高温日数多、影响范围广、强度强等特征,为 1961 年以来综合强度最强。全省平均气温(29.3 ℃)及平均最高气温(34.0 ℃)均为 1961 年以来最高值,极端最高气温(42.2 ℃,宜兴,8 月 15 日)突破了江苏省日最高气温历史极值;≥35 ℃的平均高温日数(34 d)、≥37 ℃的平均高温日数(16 d)及 40 ℃以上高温站日数(108 个)均为历史同期第一。高温对人体健康、人民生活、能源供应、农业等造成一定影响。江苏省气象局坚决贯彻落实习近平总书记对气象工作重要指示精神和中国气象局、江苏省委省政府工作部署,全力以赴做好高温期间气象服务各项工作,加强精密监测、精准预报、精细服务,江苏省气象局、江苏省气象灾害防御办公室共启动高温应急响应 3 次,预警短信全网发布覆盖全省用户 1.06 亿人次。

汛前(2—3 月),江苏省气候中心预判未来拉尼娜事件走向及其影响,在详细检验评估国内外各家模式近几年对江苏省气温和高温过程的预测技巧,应用自主研发的深度学习人工智能方法和时滞回归低频方法,结合海温、积雪、海冰等外强迫信号和大气内部过程信号,准确预测全省平均气温偏高的趋势和夏季高温异常的特征。在 4 月 16 日发布的汛期预测中指出"夏季江苏省气温整体偏高,南部地区显著偏高,高温日数较常年同期偏多,可能出现阶段性高温热浪";在 5 月、6 月底两次滚动预测中明确指出"盛夏期间会出现高温伏旱,需关注对城市安全运营和人体健康的不利影响,做好盛夏防暑降温的供电应急准备工作";在多次提供给江苏省委省政府和农业、能源、电力等行业服务材料里明确指出"2022 年夏季江苏省高温伏旱的发生时间早、范围偏大"。预测结论均与实况一致,取得很好的服务效果。汛期内,江苏省气候中心共发布逐旬滚动的高温过程预测产品 10 期。5—9 月,全省有效高温过程为 12 次,报对 10 次,漏报 0 次,空报 2 次,预报准确率为 83%。

汛期内,高温、干旱等极端天气频发、重发,决策、公众等气候服务需求大大增加,业务人员坚守服务一线,监测分析研判,为江苏省委省政府提供多期高温和干旱决策服务材料。江苏坚持省级现代气候业务，加强气候监测预测技术创新和服务能力提升。通过多个项目带动，推进客观化、智能化气候预测技术研发，并将成果落地深化。完成我国新一代全球大气和陆面再分析产品(CRA)和中国区域多元融合实况分析 1 km 分辨率产品(ART)等多源资料融合，在江苏省延伸期预报业务系统、江苏省气候业务平台中实时应用；完成国内外多模式资料的本地化释用和订正工作，利用人工智能算法实现预测结果最优推荐；进一步加强高温预测产品检验和系统研发，应用动力相似和动态阈值等方法，研发了高温过程、高温概率、智能化格点和精细化站点等一系列服务产品，预报准确率得到显著提升。

4.4.3 2020 年梅雨服务

2020 年江苏省梅雨期为 6 月 9 日—7 月 21 日，入梅偏早，出梅偏晚，梅期偏长，为有气象观测记录以来第二长。梅雨量为 615.3 mm，为 1961 年以来同期第二多值。梅雨期以过程性强降水为主，期间降水主要特征为：降雨总量大、强降水过程多；暴雨范围广、影响时间长；降雨强度大、极端性突出。梅期内暴雨站日数为梅雨历史第二多值，仅次于 1991 年；21 站总雨日刷新历史同期纪录，6 站小时雨强进入历史同期前三，10 站日最大降水量创历史同期纪录。从梅雨强度来看，除徐州部分地区外，其他地区梅雨强度一致为强。梅汛期暴雨洪涝、强对流等天气过程影响共造成 30.5 万人受灾，直接经济损失达 8.2 亿元。

2020 年 4 月 29 日江苏省气候中心发布了《2020 年夏季气候趋势预测》，预计 2020 年江苏入梅在 6 月下旬前期，正常略晚(常年 6 月 18 日)；出梅在 7 月中旬中期，正常略晚(常年 7 月 12 日)；梅雨期长度接近常年(常年 25 d)；淮河以南梅雨量长江以南偏多，为 250～300 mm，长江以北偏少，为 190～230 mm。

2020 年 5 月 29 日江苏省气候中心发布了《2020 年夏季气候趋势滚动预测》，预计 2020 年江苏入梅在 6 月中旬中期至下旬中期，正常(常年 6 月 18 日)；出梅在 7 月中旬中期，正常略晚(常年 7 月 12 日)；梅雨期长度接近常年(常年 25 d)；淮河以南梅雨量，长江以南偏多，为 250～300 mm，长江以北正常略多，为 200～240 mm。

从两次预报来看，入梅日由 6 月下旬前期调整为 6 月中旬中期至下旬中期，虽然预报日期有所提前，但与实况的 6 月 9 日相比，还是有比较大的差异；两次预报的出梅都在 7 月中旬中期，与实况的 7 月 21 日也有所差异；两次预报的淮河以南至长江以北的梅雨量都是偏多，但是量级上没有报出实况的异常多；两次预报的长江以南的梅雨量由偏少转为正常略多，但是与实况的异常多相比，差距还是很大。

在 4 月的预测中，预报依据主要是前期下垫面信息，特别是与 2019 年相比，赤道中东太平洋海温都为正距平，冬季高原积雪都为正距平，2019 年入梅日期为 6 月 18 日，出梅日期为 7 月 21 日，梅雨量为 174.6 mm，为一个梅雨偏少年。从实况来看，虽然前期下垫面信息 2019 年与 2020 年有诸多相似的地方，但是从两年的梅雨量实况来看却是截然相反的。

在 5 月的预测中，有更多的延伸期预报产品可以参考，因此，对梅雨量进行了修订，使得预报结果与实况更加接近，但是虽然趋势上报对了，但是在量级上还是存在很大的差异。由于气候预测仍然局限于历史样本的分析，从中获取规律进行预报，但是由于历史样本中异常年份的数据本来就很少，因此，使得大多数统计方法很难报出异常的情况，同时从模式检验来看，模式对于异常偏多的量级在预报上也往往偏小。

附录 A

表 A.1　江苏气温、降水量基本气候特征值

	常年平均		年降水量极值				年平均气温极值				最大日降水量		气温日极值			
	降水量/mm	气温/℃	最大/mm	年份	最小/mm	年份	最高/℃	年份	最低/℃	年份	降水量/mm	日期（地点）	最高/℃	日期（地点）	最低/℃	日期（地点）
全省	1063.9	15.7	1528.5	2016	562.2	1978	16.8	2021	14	1969、1980	699.7	2000 年 8 月 30 日（响水）	42.2	2022 年 8 月 15 日（宜兴）	−23.4	1969 年 2 月 5 日（宿迁）
苏南	1205.7	16.6	1997.3	2016	578.2	1978	17.8	2021	14.7	1980	343.1	1962 年 9 月 6 日（苏州）	42.2	2022 年 8 月 15 日（宜兴）	−18.9	1955 年 1 月 6 日（丹阳）
江淮	1074.6	15.6	1632.5	2016	510.4	1978	16.7	2021	12.9	1956	699.7	2000 年 8 月 30 日（响水）	41.1	2022 年 8 月 14 日（仪征）	−19.2	1955 年 1 月 6 日（泰州）
淮北	914.2	14.9	1371.7	2003	590.6	1988	15.9	2022	12.9	1957	432.2	1985 年 9 月 2 日（西连岛）	41.3	2002 年 7 月 15 日（泗洪）	−23.4	1969 年 2 月 5 日（宿迁）

表 A.2 江苏主汛期(6—8 月)降水量

常年(1991—2020 年)平均值/mm		全省	苏南	江淮	淮北
		545.9	560.4	549.5	527.2
主汛期(6—8 月)平均降水量极值	最大值/mm	817.8	962.8	936.8	925.4
	年份	1991	1991	1991	2003
	最小值/mm	238.9	148.8	200.3	280.1
	年份	1978	1978	1978	1999

表 A.3 江苏梅汛期降水量

常年(1991—2020 年)平均值/mm		淮河以南	苏南	江淮
		257.7	267.1	248.3
梅汛期平均降水量极值	最大值/mm	732.2	729.0	735.4
	年份	1991	1991	1991
	最小值/mm	21.5	13.0	27.1
	年份	1978	1978	2005

附录 B

表 B.1 1961 年以来江苏入、出梅时间及降水量

（江苏本地梅雨监测指标）

年份	入梅日期	出梅日期	淮河以南平均降水量/mm
1961	6 月 6 日	6 月 17 日	117.4
1962	6 月 16 日	7 月 9 日	216.8
1963	6 月 22 日	7 月 13 日	173.4
1964	6 月 24 日	7 月 1 日	105.8
1965	6 月 30 日	7 月 22 日	245.8
1966	6 月 24 日	7 月 13 日	114.2
1967	6 月 24 日	7 月 5 日	162.6
1968	6 月 23 日	7 月 20 日	232.6
1969	6 月 30 日	7 月 18 日	361.1
1970	6 月 17 日	7 月 20 日	304.6
1971	6 月 9 日	6 月 26 日	145.7
1972	6 月 20 日	7 月 5 日	305.1
1973	6 月 16 日	6 月 29 日	130.3
1974	6 月 9 日	7 月 18 日	296.8
1975	6 月 16 日	7 月 17 日	364.8
1976	6 月 16 日	7 月 15 日	187.2
1977	6 月 14 日	7 月 4 日	67.9
1978	6 月 23 日	6 月 25 日	23.1
1979	6 月 19 日	7 月 24 日	342.8
1980	6 月 9 日	7 月 21 日	435.6
1981	6 月 22 日	7 月 3 日	169.3

续表

年份	入梅日期	出梅日期	淮河以南平均降水量/mm
1982	6 月 11 日	7 月 25 日	332.4
1983	6 月 19 日	7 月 24 日	335.4
1984	6 月 6 日	7 月 6 日	197.6
1985	6 月 21 日	7 月 6 日	165.4
1986	6 月 19 日	7 月 25 日	337.8
1987	6 月 19 日	7 月 27 日	341.7
1988	6 月 15 日	7 月 3 日	97.0
1989	6 月 6 日	7 月 14 日	226.6
1990	6 月 14 日	7 月 3 日	147.5
1991	6 月 8 日	7 月 15 日	732.8
1992	6 月 25 日	7 月 20 日	75.8
1993	6 月 21 日	7 月 9 日	178.3
1994	6 月 21 日	6 月 28 日	41.1
1995	6 月 20 日	7 月 9 日	186.2
1996	6 月 15 日	7 月 21 日	429.4
1997	6 月 29 日	7 月 21 日	147.8
1998	6 月 24 日	7 月 5 日	186.5
1999	6 月 6 日	7 月 20 日	396.6
2000	6 月 19 日	7 月 4 日	127.8
2001	6 月 17 日	6 月 30 日	131.8
2002	6 月 19 日	7 月 8 日	159.0
2003	6 月 21 日	7 月 12 日	394.7
2004	6 月 14 日	7 月 15 日	291.7
2005	6 月 26 日	6 月 29 日	34.0

续表

年份	入梅日期	出梅日期	淮河以南平均降水量/mm
2006	6月21日	7月12日	242.5
2007	6月19日	7月24日	377.9
2008	6月14日	7月4日	202.8
2009	6月27日	7月15日	171.5
2010	6月17日	7月18日	232.9
2011	6月14日	7月21日	425.8
2012	6月26日	7月18日	254.1
2013	6月23日	7月8日	173.6
2014	6月25日	7月18日	205.4
2015	6月24日	7月13日	301.4
2016	6月19日	7月20日	509.6
2017	6月22日	7月11日	109.6
2018	6月22日	7月9日	171.1
2019	6月18日	7月20日	174.6
2020	6月9日	7月29日	615.3
2021	6月13日	7月11日	215.0
2022	6月23日	7月11日	94.4

备注：常年平均6月19日入梅，7月13日出梅。

表 B.2　1961年以来江淮型梅雨入、出梅时间与梅期长度及降水量

（梅雨国家标准监测指标）

年份①	入梅日期	出梅日期	梅期长度/d	降水量/mm
1961	7月3日	7月11日	8	103
1962	6月17日	7月12日	25	232.1
1963	6月22日	7月14日	22	179.4

① 1970年、1988年、1994年、2007年、2009年、2013年为江淮型（江苏）梅雨空梅年，所以表中未出现相关情况。

续表

年份	入梅日期	出梅日期	梅期长度/d	降水量/mm
1964	6 月 24 日	7 月 2 日	8	52
1965	6 月 30 日	7 月 24 日	24	416
1966	6 月 24 日	7 月 1 日	7	53.3
1967	6 月 24 日	7 月 6 日	12	144.1
1968	6 月 25 日	7 月 21 日	26	310.9
1969	7 月 1 日	7 月 19 日	18	400
1971	6 月 1 日	7 月 12 日	41	335.1
1972	6 月 11 日	7 月 12 日	31	429.5
1973	6 月 25 日	7 月 15 日	20	129.9
1974	6 月 9 日	8 月 1 日	53	508.4
1975	6 月 20 日	7 月 6 日	16	241.7
1976	6 月 16 日	6 月 25 日	9	65
1977	6 月 28 日	7 月 30 日	32	218.4
1978	7 月 10 日	7 月 21 日	11	65
1979	6 月 19 日	7 月 17 日	28	290.5
1980	6 月 16 日	7 月 22 日	36	471.4
1981	6 月 22 日	7 月 2 日	10	163
1982	7 月 4 日	7 月 26 日	22	249.1
1983	6 月 19 日	7 月 6 日	17	175.2
1984	6 月 6 日	7 月 10 日	34	154.2
1985	6 月 22 日	7 月 8 日	16	141.5
1986	6 月 12 日	7 月 19 日	37	378.9
1987	7 月 2 日	7 月 29 日	27	318.8
1989	6 月 4 日	6 月 17 日	13	147.4

续表

年份	入梅日期	出梅日期	梅期长度/d	降水量/mm
1990	6月14日	7月16日	32	188.6
1991	6月2日	7月16日	44	756.9
1992	7月9日	7月18日	9	88.6
1993	6月21日	7月20日	29	221.2
1995	7月1日	7月8日	7	25.1
1996	6月23日	7月22日	29	382.9
1997	6月30日	7月23日	23	217.3
1998	6月25日	8月4日	40	389.8
1999	6月23日	7月9日	16	153
2000	6月20日	6月30日	10	162
2001	6月13日	6月27日	14	57.6
2002	6月19日	6月29日	10	74.8
2003	6月21日	7月23日	32	619.1
2004	7月6日	7月17日	11	75.2
2005	7月4日	7月18日	14	171.4
2006	6月21日	7月29日	38	437.9
2008	6月14日	6月25日	11	144.3
2010	7月10日	7月26日	16	198.2
2011	6月17日	7月21日	34	417.3
2012	6月28日	7月15日	17	309.4
2014	7月11日	7月16日	5	32.9
2015	6月24日	6月30日	6	245.5
2016	6月20日	7月16日	26	425.8
2017	6月25日	7月10日	15	134.8

续表

年份	入梅日期	出梅日期	梅期长度/d	降水量/mm
2018	6 月 27 日	7 月 11 日	14	198.6
2019	7 月 24 日	7 月 28 日	4	38.6
2020	6 月 12 日	8 月 1 日	50	583.2
2021	7 月 3 日	7 月 19 日	16	246.2
2022	7 月 15 日	7 月 27 日	12	102.6

备注：江淮型梅雨区域为江淮，入梅日期常年为 6 月 26 日，出梅日期常年为 7 月 16 日，梅期长度常年为 20 d，梅雨量常年平均 246.3 mm。

表 B.3　1961 年以来长江型梅雨出、入梅时间与梅期长度及降水量

（梅雨国家标准监测指标）

年份①	入梅日期	出梅日期	梅期长度/d	降水量/mm
1962	6 月 16 日	7 月 8 日	22	216.3
1963	6 月 22 日	7 月 14 日	22	181.9
1965	7 月 1 日	7 月 9 日	8	37.6
1966	6 月 24 日	7 月 1 日	7	88
1967	6 月 22 日	7 月 6 日	14	187.1
1968	6 月 23 日	7 月 21 日	28	166.7
1969	6 月 30 日	7 月 21 日	21	282.2
1971	6 月 1 日	6 月 21 日	20	191.7
1972	6 月 20 日	7 月 4 日	14	188
1973	6 月 16 日	6 月 30 日	14	175.1
1974	6 月 9 日	6 月 21 日	12	151.2
1975	6 月 20 日	7 月 16 日	26	390.7
1976	6 月 16 日	7 月 3 日	17	165.3
1977	7 月 8 日	7 月 23 日	15	135.2

① 1961 年、1964 年、1970 年、1988 年、1992 年、2004 年、2013 年、2022 年为长江型（江苏）梅雨空梅年，所以表中未出现相关情况。

续表

年份	入梅日期	出梅日期	梅期长度/d	降水量/mm
1978	7月11日	7月21日	10	78.6
1979	6月19日	7月5日	16	205.2
1980	6月17日	7月22日	35	274.7
1981	6月22日	7月3日	11	182.1
1982	7月9日	7月26日	17	251
1983	6月23日	7月6日	13	211
1984	6月24日	7月7日	13	82.4
1985	6月22日	6月28日	6	119.8
1986	6月12日	7月25日	43	466
1987	7月2日	7月29日	27	389.5
1989	7月4日	7月16日	12	106.9
1990	6月14日	6月28日	14	106.4
1991	6月30日	7月16日	16	380
1993	6月12日	7月28日	46	308.9
1994	6月7日	6月14日	7	70.2
1995	6月12日	7月8日	26	312.8
1996	6月3日	7月22日	49	485.7
1997	6月24日	7月24日	30	185.7
1998	6月25日	8月3日	39	323.8
1999	6月7日	7月2日	25	501.2
2000	6月20日	7月4日	14	94.3
2001	6月13日	6月27日	14	276.4
2002	6月19日	6月30日	11	210.7
2003	6月26日	7月21日	25	304.3

续表

年份	入梅日期	出梅日期	梅期长度/d	降水量/mm
2005	7月5日	7月13日	8	87.8
2006	6月22日	7月27日	35	321.3
2007	6月20日	7月27日	37	313.4
2008	6月7日	6月24日	17	208
2009	6月20日	7月2日	12	169.8
2010	7月3日	7月23日	20	257.3
2011	6月4日	7月21日	47	477.3
2012	6月26日	7月16日	20	206.6
2014	6月25日	7月5日	10	192
2015	6月15日	7月4日	19	416
2016	6月20日	7月17日	27	551.9
2017	6月22日	7月10日	18	88.8
2018	6月28日	7月10日	12	131.9
2019	7月7日	7月13日	6	92.9
2020	6月10日	7月20日	40	650.4
2021	6月9日	6月20日	11	66.8

备注：长江型梅雨区域为长江中下游，入梅日期常年为6月19日，出梅日期常年为7月13日，梅期长度常年为23.3 d，梅雨量常年平均为282.2 mm。

附录 C

表 C.1　南京单站气温、降水量基本气候特征值

站点	站号	常年平均		年降水量极值				年平均气温极值				最大日降水量		气温日极值			
		降水量/mm	气温/℃	最大/mm	年份	最小/mm	年份	最高/℃	年份	最低/℃	年份	降水量/mm	日期	最高/℃	日期	最低/℃	日期
南京	58238	1144	16.4	1825.8	1991	534.0	1978	17.6	2021、2022	14.6	1956、1957、1980	245.3	2017年6月10日	40.7	1959年8月22日	−14.0	1955年1月6日
浦口	58237	1177.4	16.3	1778.3	1991	463.9	1978	17.2	2021	14.6	1969、1980	301.4	2003年7月5日	40.8	2013年8月11日	−13.1	1969年2月6日、1991年12月29日
六合	58235	1076.2	15.9	1737.3	1991	544.0	1978	17.0	2021	14.3	1969	240.1	2003年7月5日	40.4	2017年7月23日	−16.3	1969年2月6日
溧水	58340	1204.4	16.4	2193.3	2016	502.6	1978	17.4	2007	14.7	1980	187.5	1991年6月13日	41.6	2013年8月12日	−14.8	1977年1月31日
高淳	58339	1287.2	16.9	2423.2	2016	567.7	1978	18.0	2021、2022	15.1	1980	307.8	1960年6月20日	40.7	2013年8月6日、2013年8月11日	−14.0	1969年2月6日

表 C.2　无锡单站气温、降水量基本气候特征值

站点	站号	常年平均		年降水量极值				年平均气温极值				最大日降水量		气温日极值			
		降水量/mm	气温/℃	最大/mm	年份	最小/mm	年份	最高/℃	年份	最低/℃	年份	降水量/mm	日期	最高/℃	日期	最低/℃	日期
无锡	58354	1207.4	16.8	1890.4	2016	565.6	1978	18.0	2021	14.7	1956、1957、1969、1980	211.3	2017年9月25日	41.2	2022年8月13日	−12.5	1969年2月6日
江阴	58351	1234.0	16.7	2217.5	2016	581.8	1978	17.9	2021	14.5	1957、1980	241.5	2015年6月27日	41.3	2013年8月6日	−14.2	1977年1月31日
宜兴	58346	1391.3	16.3	2281.8	2016	665.6	1978	17.1	2004、2021	14.8	1980	203.3	1957年9月24日	42.2	2022年8月15日	−13.1	1977年1月31日

表 C.3 徐州单站气温、降水量基本气候特征值

站点	站号	常年平均		年降水量极值				年平均气温极值				最大日降水量		气温日极值			
		降水量/mm	气温/℃	最大/mm	年份	最小/mm	年份	最高/℃	年份	最低/℃	年份	降水量/mm	日期	最高/℃	日期	最低/℃	日期
徐州	58027	845.5	15.3	1213.4	1963	500.6	1988	16.4	2022	13.2	1969	315.4	1997年7月17日	40.6	1972年6月11日	−22.6	1969年2月6日
丰县	58012	757.7	14.7	1249.3	2005	352.0	1988	15.5	2014	12.8	1969	345.4	1958年6月30日	40.7	1972年6月11日	−20.3	1967年1月4日
沛县	58013	783.1	15.1	1290.1	2003	425.9	1988	16.2	2022	12.9	1969	340.7	1971年8月9日	40.7	1966年7月18日	−21.3	1967年1月4日
睢宁	58130	925.3	15.1	1525.7	2007	586.7	1978	16.2	2021	12.8	1957	233.5	1974年8月13日	40.3	1955年6月19日	−22.9	1969年2月5日
邳州	58026	819.7	14.7	1417.2	2021	528.8	1999	15.5	2006、2007、2017、2021	12.5	1957	310.2	1972年7月6日	39.8	1966年7月18日、1978年7月8日	−23	1969年2月6日
新沂	58035	866.0	14.7	1373.8	2021	486.0	1966	15.5	2022	12.7	1969	265.7	1989年6月7日	39.9	1966年7月19日	−22.4	1969年2月5日

表 C.4　常州单站气温、降水量基本气候特征值

站点	站号	常年平均		年降水量极值				年平均气温极值				最大日降水量		气温日极值			
		降水量/mm	气温/℃	最大/mm	年份	最小/mm	年份	最高/℃	年份	最低/℃	年份	降水量/mm	日期	最高/℃	日期	最低/℃	日期
常州	58343	1218.6	16.6	2165.1	2016	535.7	1978	17.8	2021、2022	14.5	1956	243.6	2015 年 6 年 27 日	40.6	2017 年 7 月 23 日	−15.5	1955 年 1 月 7 日
金坛	58342	1197.4	16.5	2251.9	2016	556.8	1978	17.8	2021	14.4	1980	274.6	2015 年 6 月 27 日	40.4	2013 年 8 月 10 日	−13.7	1977 年 1 月 31 日
溧阳	58345	1198.8	16.6	2263.1	2016	623.4	1978	17.8	2021	14.7	1980	203.3	1956 年 9 月 24 日	41.5	2013 年 8 月 10 日	−17.0	1955 年 1 月 7 日

表 C.5 苏州单站气温、降水量基本气候特征值

站点	站号	常年平均		年降水量极值				年平均气温极值				最大日降水量		气温日极值			
		降水量/mm	气温/℃	最大/mm	年份	最小/mm	年份	最高/℃	年份	最低/℃	年份	降水量/mm	日期	最高/℃	日期	最低/℃	日期
苏州	58349	1224.7	17.2	1974.3	2016	600.2	1978	18.3	2021	14.9	1980	343.1	1962 年 9 月 6 日	41.0	2013 年 8 月 7 日	−9.5	1977 年 1 月 31 日
张家港	58353	1192.0	16.5	1895.1	2016	637.2	1978	17.8	2021	14.5	1980	235.7	2015 年 6 月 27 日	41.2	2013 年 8 月 9 日	−11.3	1969 年 2 月 6 日
常熟	58352	1222.1	16.7	1823.6	2016	555.2	1978	18.1	2021	14.5	1957	298.0	1962 年 9 月 6 日	40.9	2017 年 7 月 24 日	−11.3	1977 年 1 月 31 日
昆山	58356	1189.7	16.9	1682.1	2020	667.1	1978	18.3	2021	14.6	1980	223.0	1960 年 8 月 4 日	40.6	2013 年 8 月 7 日	−11.7	1977 年 1 月 31 日
太仓	58377	1226.4	16.7	1755.6	2015	616.6	1978	17.6	2007	14.7	1980	226.5	1985 年 8 月 1 日	40.2	2017 年 7 月 24 日	−11.5	1977 年 1 月 31 日
吴江	58359	1200.5	17.0	1723.6	2016	779.6	1968	18.4	2021	15.0	1980	333.5	1962 年 9 月 6 日	40.8	2017 年 7 月 25 日	−10.6	1977 年 1 月 31 日
东山	58358	1201.9	16.9	1699.7	1999	719.9	1978	18.2	2021	15.2	1980	291.8	1960 年 8 月 4 日	40.7	2022 年 8 月 14 日	−8.7	1969 年 2 月 6 日

表 C.6　南通单站气温、降水量基本气候特征值

站点	站号	常年平均		年降水量极值				年平均气温极值				最大日降水量		气温日极值			
		降水量/mm	气温/℃	最大/mm	年份	最小/mm	年份	最高/℃	年份	最低/℃	年份	降水量/mm	日期	最高/℃	日期	最低/℃	日期
南通	58259	1180.2	16.1	1972.2	2016	637.4	1978	17.5	2007	14.3	1952	287.1	1960年8月4日	40.0	2022年8月15日	−10.8	1969年2月6日
海安	58254	1074.8	15.8	1919.3	2016	477.3	1978	17.0	2021	13.7	1980	184.3	1962年9月6日	39.9	2017年7月23日	−12.0	1969年2月6日
如皋	58255	1110.3	15.4	1979.9	2016	498.8	1978	16.8	2021	13.8	1957	286.4	2019年7月18日	39.5	2016年7月29日	−13.4	1991年12月29日
如东	58264	1100.0	15.9	1683	2016	529.5	1978	16.7	2007、2017	13.9	1980	392.5	1960年8月4日	39.2	2017年7月24日	−10.6	1967年1月16日
通州	58268	1168.8	16.0	1999.4	2016	701.2	1978	17.2	2021	14.2	1980	507.1	1960年8月4日	39.6	2022年8月15日	−10.9	1977年1月31日
海门	58360	1148.4	15.9	1724.4	2016	650.9	1978	17.1	2021	14.4	1980	234.2	1960年8月4日	39.7	2013年8月8日	−9.4	2021年1月8日
吕泗	58265	1127.7	16.0	1992.9	2016	470.6	1978	16.9	2017、2021、2022	14.1	1980	314.0	1960年8月4日	38.7	1978年7月7日	−11.4	1958年1月16日
启东	582869	1156.8	15.9	1764.6	2016	595.8	1978	17.2	2021	14.2	1956	233.5	2013年10月8日	39.6	2017年7月24日	−10.8	1958年1月16日

表 C.7　连云港单站气温、降水量基本气候特征值

站点	站号	常年平均		年降水量极值				年平均气温极值				最大日降水量		气温日极值			
		降水量/mm	气温/℃	最大/mm	年份	最小/mm	年份	最高/℃	年份	最低/℃	年份	降水量/mm	日期	最高/℃	日期	最低/℃	日期
连云港	58044	904.6	14.8	1374.3	2000	504.9	1978	15.8	2007	13.0	1957、1969	264.4	1976年6月29日	40.2	2002年7月15日	−18.1	1969年2月5日
赣榆	58040	912.2	14.2	1481.8	1974	480.9	1988	15.2	2017、2021	12.1	1969	226.2	2020年7月12日	39.5	2002年7月15日	−19.5	1969年2月6日
东海	58036	890.2	14.4	1344.5	1960	511.1	1978	15.3	2022	12.7	1969	212.5	2019年8月10日	39.7	1959年8月20日	−18.3	1969年2月5日
灌云	58047	896.1	14.5	1549.7	2003	534.4	1978	15.8	2022	12.6	1957、1969	266.8	1964年7月8日	40.0	1964年7月8日	−21.7	1969年2月6日
灌南	58048	922.7	14.6	1458.7	2003	558.1	2011	15.9	2022	12.7	1969	279.5	1964年7月8日	40.0	1964年7月8日	−19.7	1969年2月6日

表 C.8　淮安单站气温、降水量基本气候特征值

站点	站号	常年平均		年降水量极值				年平均气温极值				最大日降水量		气温日极值			
		降水量/mm	气温/℃	最大/mm	年份	最小/mm	年份	最高/℃	年份	最低/℃	年份	降水量/mm	日期	最高/℃	日期	最低/℃	日期
淮安	58141	992.6	15.1	1502.0	2003	479.2	1966	15.8	2007、2021、2022	13.0	1957	207.9	1976 年 6 月 30 日	39.5	1966 年 8 月 8 日	−21.5	1969 年 2 月 6 日
涟水	58140	994.1	14.8	1455.7	1962	473.8	2004	16.1	2022	12.6	1957	244.8	1984 年 8 月 31 日	39.1	1966 年 8 月 7 日	−20.9	1969 年 2 月 6 日
洪泽	58139	974.8	15.3	1473.8	1991	532.1	1978	16.0	1994	13.9	1969	263.7	2021 年 7 月 28 日	39.8	1959 年 8 月 24 日 1978 年 7 月 8 日	−16.1	1969 年 2 月 6 日
金湖	58147	1013.0	15.4	1727.9	1987	531.7	1978	16.3	2021、2022	13.8	1969	208.2	2021 年 7 月 28 日	39.2	2022 年 8 月 15 日	−17.5	1969 年 2 月 5 日
盱眙	58138	1075.8	15.5	1757.1	1991	519.3	1978	16.5	2017	13.7	1957	233.2	1970 年 7 月 27 日	40.8	1978 年 7 月 9 日	−18.6	1969 年 2 月 6 日
淮安区	58145	971.6	15.0	1467.2	2003	564.7	2004	16.4	2022	13.2	1969	226.0	2021 年 7 月 28 日	38.5	2022 年 8 月 13 日	−20.4	1969 年 2 月 6 日

表 C.9 盐城单站气温、降水量基本气候特征值

站点	站号	常年平均		年降水量极值				年平均气温极值				最大日降水量		气温日极值			
		降水量/mm	气温/℃	最大/mm	年份	最小/mm	年份	最高/℃	年份	最低/℃	年份	降水量/mm	日期	最高/℃	日期	最低/℃	日期
盐城	58154	1004.3	15.1	1603.1	2015	509.7	1978	16.3	2021	13.2	1957	167.9	1965年8月2日	40.2	1953年7月30日	−14.3	1969年2月6日
东台	58251	1083.1	15.4	1978.2	1991	456.3	1978	16.5	2021	13.5	1956	314.3	1965年8月21日	38.8	2003年8月2日 2022年8月14日	−11.8	1958年1月16日
大丰	58158	1096.7	14.8	1989.8	1965	482.8	1978	16.0	2021	13.2	1980	334.7	1965年8月21日	39.0	1966年8月8日	−12.7	1958年1月16日
建湖	58146	974.2	15.1	1658.4	1991	459.7	2004	16.4	2021	13.4	1969	234.4	1974年7月12日	38.2	1966年8月8日	−17.0	1969年2月6日
射阳	58150	971.0	14.7	1521.9	1972	533.9	1978	15.5	2007	12.8	1957	263.2	1972年8月8日	39.0	1966年8月8日	−15.0	1969年2月6日
阜宁	58143	948.2	14.8	1430.5	1962	494.7	2004	16.0	2021	13.1	1969	209.4	2001年8月1日	38.3	2017年7月23日 2022年8月14日	−15.9	1969年2月6日
滨海	58049	968.3	14.7	1481.4	2020	535.2	1978	15.6	2021	13.1	1963、1969	232.2	2000年8月30日	39.0	1964年7月8日	−17.3	1969年2月6日
响水	58045	940.7	14.4	1756.6	2000	513.6	1978	15.8	2022	13.1	1972、1976	699.7	2000年8月30日	38.3	1978年7月8日	−14.2	2016年1月24日

表 C.10 扬州单站气温、降水量基本气候特征值

站点	站号	常年平均		年降水量极值				年平均气温极值				最大日降水量		气温日极值			
		降水量/mm	气温/℃	最大/mm	年份	最小/mm	年份	最高/℃	年份	最低/℃	年份	降水量/mm	日期	最高/℃	日期	最低/℃	日期
扬州	58245	1099.9	16.2	1992.1	2016	439.0	1978	17.1	2021	13.9	1956	249.0	2003年7月5日	40.6	2022年8月14日	−15.8	1969年2月6日
宝应	58148	1009.5	15.7	1555.5	1991	505.5	1978	16.5	2007	13.4	1957	191.5	2006年7月1日	39.3	1959年8月24日	−16.9	1969年2月5日
高邮	58241	1059.4	15.9	1823.9	1991	482.1	1978	17.1	2017	13.9	1956、1957、1980	287.1	2021年7月28日	40.0	2022年8月14日	−18.5	1955年1月7日
江都	58244	1068.2	16.0	1777.3	2016	398.8	1978	17.0	2007	14.2	1980	319.0	2021年7月28日	40.5	2022年8月14日	−15.3	1969年2月6日
仪征	58242	1105.3	16.0	1773.2	2016	458.4	1978	16.9	2021	14.4	1980	274.6	2003年7月5日	41.1	2022年8月14日	−15.1	1969年2月5日

表 C.11　镇江单站气温、降水量基本气候特征值

站点	站号	常年平均		年降水量极值				年平均气温极值				最大日降水量		气温日极值			
		降水量/mm	气温/℃	最大/mm	年份	最小/mm	年份	最高/℃	年份	最低/℃	年份	降水量/mm	日期	最高/℃	日期	最低/℃	日期
镇江	58252	1151	16.2	1996.1	2016	455.8	1978	17.2	2017	14.6	1969	262.5	1972 年 7 月 3 日	40.9	1959 年 8 月 22 日	−12.0	1955 年 1 月 16 日 1969 年 2 月 5 日 1969 年 2 月 6 日 1991 年 12 月 30 日
丹阳	58341	1145.4	16.3	2105.9	2016	500.2	1978	17.7	2021、2022	14.2	1956	279.4	2003 年 7 月 5 日	41.1	2022 年 8 月 14 日	−18.9	1955 年 1 月 6 日
扬中	58247	1104.1	16.2	1907.6	2016	466.2	1978	17.6	2021	14.3	1969、1980	287	1975 年 6 月 24 日	40.3	2017 年 7 月 24 日 2022 年 8 月 15 日	−11.8	1977 年 1 月 31 日
句容	58344	1172.9	16.0	2199.5	2016	421.8	1978	17.1	2021、2022	14.4	1980	314.5	1974 年 7 月 31 日	41.1	2013 年 8 月 10 日	−14.8	1991 年 12 月 30 日

表 C. 12　泰州单站气温、降水量基本气候特征值

站点	站号	常年平均		年降水量极值				年平均气温极值				最大日降水量		气温日极值			
		降水量/mm	气温/℃	最大/mm	年份	最小/mm	年份	最高/℃	年份	最低/℃	年份	降水量/mm	日期	最高/℃	日期	最低/℃	日期
泰州	58246	1082.5	15.8	1973.2	2016	392.1	1978	16.9	2007	13.9	1956	169.4	1970 年 7 月 27 日	40.0	2022 年 8 月 14 日	−19.2	1955 年 1 月 6 日
靖江	58257	1173.2	16.6	2068.4	2016	558.1	1978	17.7	2021	14.2	1980	219.4	1962 年 9 月 6 日	41.1	2022 年 8 月 12 日	−14.1	1977 年 1 月 31 日
泰兴	58249	1080.7	16.5	2050.7	2016	459.3	1978	17.5	2021	14.3	1980	312.2	1975 年 6 月 24 日	40.9	2022 年 8 月 14 日	−12.5	1977 年 1 月 31 日
兴化	58243	1085.3	15.7	2080.8	1991	391.9	1978	16.6	2021、2022	14.0	1980	200.6	1969 年 7 月 12 日	39.7	2022 年 8 月 14 日	−14.9	1969 年 2 月 6 日
姜堰	58250	1078.6	15.8	1723.5	2016	512.9	1978	17.3	2021	13.9	1969、1980	192.2	1993 年 6 月 22 日	39.8	2017 年 7 月 24 日 2022 年 8 月 14 日	−14.5	1969 年 2 月 6 日

表 C.13　宿迁单站气温、降水量基本气候特征值

站点	站号	常年平均		年降水量极值				年平均气温极值				最大日降水量		气温日极值			
		降水量/mm	气温/℃	最大/mm	年份	最小/mm	年份	最高/℃	年份	最低/℃	年份	降水量/mm	日期	最高/℃	日期	最低/℃	日期
宿迁	58131	922.0	15.0	1646.5	1963	537.8	2004	16.3	2022	13.0	1969	253.9	1963年7月19日	40.0	1964年7月16日	−23.4	1969年2月5日
沭阳	58038	917.0	14.6	1480.0	2003	551.7	1966	16.0	2022	12.2	1956	284.7	1989年6月7日	39.4	1955年6月19日	−23.1	1969年2月5日
泗阳	58132	968.0	15.3	1710.8	2021	500.1	1966	16.4	2021、2022	12.7	1957	322.3	2021年7月28日	39.2	1964年7月8日 1966年8月8日	−19.4	1964年2月18日
泗洪	58135	956.4	15.2	1526	2003	521.6	2004	16.2	2021	13.4	1957、1969	207.6	1956年8月22日	41.3	2002年7月15日	−22.9	1969年2月5日

附录 D

表 D.1　南京单站主汛期(6—8 月)及梅汛期基本气候特征值

站点	站号	主汛期平均降水量/mm	主汛期降水量极值				梅汛期降水量					高温日数极值		连续高温日数极值	
			最大/mm	年份	最小/mm	年份	平均/mm	最大/mm	年份	最小/mm	年份	日数/d	年份	日数/d	平均日最高气温/℃
南京	58238	578.7	1150.9	1991	167.3	1966	292.2	879.7	1991	24.1	1978	40	2022	28	37.2
浦口	58237	601.5	1126.0	1991	171.7	1978	292.1	856.4	1991	12.2	2001	37	2022	22	37.9
六合	58235	537.8	1090.3	1991	191	1967	258.9	881.5	1991	17.6	2001	35	2013、2022	18	37.0
溧水	58340	556.9	1102.6	1991	158.2	1978	289.9	957.2	1991	12.7	1978	44	2013	17	38.9
高淳	58339	574.2	1286.7	1999	133.5	1959	287.7	927.2	2020	7.3	1978	53	1967	28	37.0

表 D.2　无锡单站主汛期(6—8 月)及梅汛期基本气候特征值

站点	站号	主汛期平均降水量/mm	主汛期降水量极值				梅汛期降水量					高温日数极值		连续高温日数极值	
			最大/mm	年份	最小/mm	年份	平均/mm	最大/mm	年份	最小/mm	年份	日数/d	年份	日数/d	平均日最高气温/℃
无锡	58354	565.3	1162.8	1999	129.3	1978	264.9	803.7	2020	7.6	1978	51	2022	18	38.3
江阴	58351	614.9	1229.5	2011	167.5	1994	282.2	810.1	1991	16.1	1978	51	2022	27	38.5
宜兴	58346	604.0	1201.1	2011	125.3	1978	281.7	754.8	1999	6.2	1978	52	2022	23	38.8

表 D.3 徐州单站主汛期(6—8 月)及梅汛期基本气候特征值

站点	站号	主汛期平均降水量/mm	主汛期降水量极值				梅汛期降水量					高温日数极值		连续高温日数极值	
			最大/mm	年份	最小/mm	年份	平均/mm	最大/mm	年份	最小/mm	年份	日数/d	年份	日数/d	平均日最高气温/℃
徐州	58027	509.3	844.1	1955	242.1	1987	189.3	664.0	2020	1.1	1988	39	1967	17	36
丰县	58012	445.4	906.4	1958	154.6	1997	143.2	495.9	2006	14.1	1985	27	1966、1967	12	36.4
沛县	58013	469.1	1008.6	1971	186.2	1968	155.0	451.8	2006	1.5	1985	30	1967	10	36.4
睢宁	58130	530.7	1070.6	2007	179.7	1999	211.6	789.5	1996	4.6	2005	32	1967	13	36.9
邳州	58026	488.7	1017.0	2021	196.8	1999	181.8	688.5	2020	2.6	2005	28	2022	14	37.2
新沂	58035	499.7	953.4	2021	243.1	2015	179.7	783.5	2020	3.0	2005	38	1967	12	36.7

表 D.4 常州单站主汛期(6—8 月)及梅汛期基本气候特征值

站点	站号	主汛期平均降水量/mm	主汛期降水量极值				梅汛期降水量					高温日数极值		连续高温日数极值	
			最大/mm	年份	最小/mm	年份	平均/mm	最大/mm	年份	最小/mm	年份	日数/d	年份	日数/d	平均日最高气温/℃
常州	58343	602.6	1197.6	2011	127.8	1978	281.5	821.0	1991	9.6	1958	48	2013	27	37.4
金坛	58342	563.8	1086.9	1991	151.2	1978	301.4	878.1	2020	14.5	1978	44	2013	18	37.3
溧阳	58345	520.3	1012.8	2021	134.5	1978	265.1	749.8	1991	8.6	1978	50	2022	27	38.1

表 D.5　苏州单站主汛期(6—8 月)及梅汛期基本气候特征值

站点	站号	主汛期平均降水量/mm	主汛期降水量极值				梅汛期降水量					高温日数极值		连续高温日数极值	
			最大/mm	年份	最小/mm	年份	平均/mm	最大/mm	年份	最小/mm	年份	日数/d	年份	日数/d	平均日最高气温/℃
苏州	58349	522.8	1161.8	1999	135.1	1978	232.3	746.6	1999	5.5	1978	52	2013	27	37.7
张家港	58353	574.8	1161.7	2015	229.2	1994	277.7	857.6	1991	5.5	1992	48	2013	18	38.3
常熟	58352	573.7	971.5	2001	107.6	1978	273.8	702.3	2020	8.6	1978	43	2013	18	38.4
昆山	58356	533.0	1010.0	2020	160.2	1978	224.5	650.6	1999	5.8	1978	47	2022	18	38.1
太仓	58377	573.4	1039.7	1999	132.3	1978	234.9	681.8	1999	7.8	1978	47	2013	18	37.6
吴江	58359	509.5	1083.1	1999	145.7	1968	246.3	773.6	1999	5.1	1978	49	2013	18	38.1
东山	58358	505.4	1163.8	1999	103.4	1967	235.7	793.7	1999	2.4	1978	46	2013	18	37.6

表 D.6　南通单站主汛期(6—8 月)及梅汛期基本气候特征值

站点	站号	主汛期平均降水量/mm	主汛期降水量极值				梅汛期降水量					高温日数极值		连续高温日数极值	
			最大/mm	年份	最小/mm	年份	平均/mm	最大/mm	年份	最小/mm	年份	日数/d	年份	日数/d	平均日最高气温/℃
南通	58259	588.7	990.1	2015	216.2	1978	265.2	729.2	1991	16.5	2005	39	2013	18	37.4
海安	58254	528.9	1058.0	2011	163.8	1966	248.2	674.8	1991	19.1	1994	40	2013	15	37.6
如皋	58255	539.4	955.9	2011	168.8	1978	247.5	597.7	1979	29.0	2005	36	2013	15	37.1
如东	58264	528.3	972.4	1960	144.3	1966	235.8	555.9	1986	41.3	1978	35	2013	14	37.2
通州	58268	565.4	1119.9	2020	239.7	1971	254.2	662.8	2016	4.4	1992	39	2013	17	37.2
海门	58360	565.0	1025.1	2015	247.6	1964	256.3	699.5	2020	13.8	2005	38	2013	17	37.5
吕泗	58265	529.0	953.1	1999	113.9	1978	238.7	670	2016	20.3	2005	30	2013	13	36.7
启东	58269	523.8	911.4	2001	142.4	1978	222.3	664.5	1991	16.9	1978	34	2022	14	37.5

表 D.7　连云港单站主汛期(6—8 月)及梅汛期基本气候特征值

站点	站号	主汛期平均降水量/mm	主汛期降水量极值				梅汛期降水量					高温日数极值		连续高温日数极值	
			最大/mm	年份	最小/mm	年份	平均/mm	最大/mm	年份	最小/mm	年份	日数/d	年份	日数/d	平均日最高气温/℃
连云港	58044	557.6	995.6	2000	203.6	2018	208.4	588.2	2020	9.0	1994	26	1966	14	37.1
赣榆	58040	549.9	1080.6	1974	229.2	1966	195.9	621.8	2020	5.1	1958	15	1966	7	36.3
东海	58036	522.3	984.1	1960	249.7	2015	182.2	712.3	2020	11.9	1988	30	1967	10	37.1
灌云	58047	514.3	1195.3	2003	248.3	2011	174.4	687.1	2020	10.7	1977	27	2022	11	37.7
灌南	58048	524.0	1099.8	2003	213.7	1967	198.1	742.5	2020	0.8	1961	29	1967	15	37.7

表 D.8　淮安单站主汛期(6—8 月)及梅汛期基本气候特征值

站点	站号	主汛期平均降水量/mm	主汛期降水量极值				梅汛期降水量					高温日数极值		连续高温日数极值	
			最大/mm	年份	最小/mm	年份	平均/mm	最大/mm	年份	最小/mm	年份	日数/d	年份	日数/d	平均日最高气温/℃
淮安	58141	578.7	1048.9	2003	105.8	1966	233.1	644.7	1991	6.1	1994	26	1967	11	36.6
涟水	58140	574.6	1085.2	2000	236.4	2004	225.3	675.9	2020	7.7	1961	27	1967	13	36.7
洪泽	58139	538.6	944.6	1965	200.3	1961	242.0	718.4	1991	1.7	2005	26	2022	13	37.3
金湖	58147	540.9	1106.4	1965	237.0	1966	248.3	812.3	1991	1.0	2005	27	2022	12	37.4
盱眙	58138	580.7	1087.2	1965	197.4	1994	256.3	859	1991	2.2	2005	28	1967、2013	15	36.9
淮安区	58145	550.5	1021.7	2003	152.8	1966	228.2	716.1	1991	4.8	2005	35	2022	14	36.9

表 D.9　盐城单站主汛期(6—8 月)及梅汛期基本气候特征值

<table>
<tr><th rowspan="2">站点</th><th rowspan="2">站号</th><th rowspan="2">主汛期
平均降水量
/mm</th><th colspan="4">主汛期降水量极值</th><th colspan="5">梅汛期降水量</th><th colspan="2">高温日数极值</th><th colspan="2">连续高温日数极值</th></tr>
<tr><th>最大
/mm</th><th>年份</th><th>最小
/mm</th><th>年份</th><th>平均
/mm</th><th>最大
/mm</th><th>年份</th><th>最小
/mm</th><th>年份</th><th>日数
/d</th><th>年份</th><th>日数
/d</th><th>平均
日最高气温/℃</th></tr>
<tr><td>盐城</td><td>58154</td><td>542.2</td><td>1175.4</td><td>1965</td><td>128.8</td><td>1966</td><td>244.4</td><td>712.9</td><td>1991</td><td>1.3</td><td>2005</td><td>31</td><td>1953</td><td>15</td><td>36.4</td></tr>
<tr><td>东台</td><td>58251</td><td>569.1</td><td>1324.2</td><td>1991</td><td>184.3</td><td>1978</td><td>263.7</td><td>1033.1</td><td>1991</td><td>20.4</td><td>1994</td><td>30</td><td>2022</td><td>14</td><td>37.3</td></tr>
<tr><td>大丰</td><td>58158</td><td>596.9</td><td>1590.1</td><td>1965</td><td>168.6</td><td>1966</td><td>276.3</td><td>909.5</td><td>1991</td><td>24.9</td><td>1978</td><td>28</td><td>2022</td><td>14</td><td>37.2</td></tr>
<tr><td>建湖</td><td>58146</td><td>527.3</td><td>1087.1</td><td>1965</td><td>180.2</td><td>1966</td><td>229.1</td><td>858.8</td><td>1991</td><td>0.3</td><td>2005</td><td>26</td><td>2022</td><td>12</td><td>36.7</td></tr>
<tr><td>射阳</td><td>58150</td><td>527.9</td><td>1115.5</td><td>1965</td><td>243.7</td><td>1977</td><td>225.6</td><td>664.5</td><td>1991</td><td>0</td><td>2005</td><td>21</td><td>2013</td><td>16</td><td>36.3</td></tr>
<tr><td>阜宁</td><td>58143</td><td>537.5</td><td>956.1</td><td>1986</td><td>182.2</td><td>1966</td><td>222.2</td><td>645.4</td><td>2020</td><td>0</td><td>2005</td><td>25</td><td>2022</td><td>10</td><td>36.6</td></tr>
<tr><td>滨海</td><td>58049</td><td>561.9</td><td>1076.3</td><td>2020</td><td>220.9</td><td>1956</td><td>220.7</td><td>743.1</td><td>2020</td><td>2.9</td><td>2005</td><td>22</td><td>2022</td><td>11</td><td>37.1</td></tr>
<tr><td>响水</td><td>58045</td><td>553.8</td><td>1460.4</td><td>2000</td><td>221.7</td><td>1978</td><td>184.1</td><td>744.8</td><td>2020</td><td>6.8</td><td>1994</td><td>22</td><td>2022</td><td>10</td><td>36.4</td></tr>
</table>

表 D.10　扬州单站主汛期(6—8 月)及梅汛期基本气候特征值

<table>
<tr><th rowspan="2">站点</th><th rowspan="2">站号</th><th rowspan="2">主汛期
平均降水量
/mm</th><th colspan="4">主汛期降水量极值</th><th colspan="5">梅汛期降水量</th><th colspan="2">高温日数极值</th><th colspan="2">连续高温日数极值</th></tr>
<tr><th>最大
/mm</th><th>年份</th><th>最小
/mm</th><th>年份</th><th>平均
/mm</th><th>最大
/mm</th><th>年份</th><th>最小
/mm</th><th>年份</th><th>日数
/d</th><th>年份</th><th>日数
/d</th><th>平均
日最高气温/℃</th></tr>
<tr><td>扬州</td><td>58245</td><td>549.7</td><td>1036.9</td><td>2011</td><td>134.7</td><td>1966</td><td>251.2</td><td>770.3</td><td>1991</td><td>23.0</td><td>2001</td><td>41</td><td>2022</td><td>20</td><td>37.6</td></tr>
<tr><td>宝应</td><td>58148</td><td>553.5</td><td>1141.7</td><td>1965</td><td>186.2</td><td>1967</td><td>251.0</td><td>746.9</td><td>1965</td><td>0</td><td>2005</td><td>30</td><td>2013</td><td>14</td><td>36.7</td></tr>
<tr><td>高邮</td><td>58241</td><td>557.1</td><td>1187.8</td><td>1991</td><td>165.5</td><td>1973</td><td>255.5</td><td>1001.3</td><td>1991</td><td>23.8</td><td>2005</td><td>34</td><td>2013</td><td>18</td><td>37.2</td></tr>
<tr><td>江都</td><td>58244</td><td>527.3</td><td>1011.6</td><td>2011</td><td>88.5</td><td>1978</td><td>250.3</td><td>730.1</td><td>1991</td><td>23.7</td><td>1978</td><td>41</td><td>2013</td><td>19</td><td>37.6</td></tr>
<tr><td>仪征</td><td>58242</td><td>554.8</td><td>1061</td><td>1991</td><td>148.5</td><td>1966</td><td>267.7</td><td>837.3</td><td>1991</td><td>9.6</td><td>2001</td><td>40</td><td>2022</td><td>17</td><td>36.6</td></tr>
</table>

表 D.11　镇江单站主汛期(6—8 月)及梅汛期基本气候特征值

站点	站号	主汛期平均降水量/mm	主汛期降水量极值				梅汛期降水量					高温日数极值		连续高温日数极值	
			最大/mm	年份	最小/mm	年份	平均/mm	最大/mm	年份	最小/mm	年份	日数/d	年份	日数/d	平均日最高气温/℃
镇江	58252	560.3	1164.9	1991	134.8	1978	262.2	821.1	1991	23.8	1978	41	2013	17	36.5
丹阳	58341	553.8	1097.6	1991	131.7	1978	279.7	815.1	1991	22.8	1978	45	2013	16	38.8
扬中	58247	541.1	1075.4	2011	147.1	1978	245.7	689.6	1991	15.4	2001	40	2013	16	37.4
句容	58344	560.3	1164.9	1991	134.8	1978	262.2	821.1	1991	23.8	1978	41	2013	17	36.5

表 D.12　泰州单站主汛期(6—8 月)及梅汛期基本气候特征值

站点	站号	主汛期平均降水量/mm	主汛期降水量极值				梅汛期降水量					高温日数极值		连续高温日数极值	
			最大/mm	年份	最小/mm	年份	平均/mm	最大/mm	年份	最小/mm	年份	日数/d	年份	日数/d	平均日最高气温/℃
泰州	58246	527.8	1086.2	1991	95.6	1978	246.7	794.3	1991	13.9	1994	39	2013	17	36.1
靖江	58257	575.8	1258.1	2011	164.0	1978	273.9	728.9	1991	20.4	1978	45	2013	26	37.7
泰兴	58249	517.3	1075.6	1991	104.7	1978	246.6	749.3	1991	25.4	1994	41	2022	16	37.9
兴化	58243	578.2	1444.2	1991	165.3	1978	272.3	1219.9	1991	11.7	2005	32	2013	15	36.7
姜堰	58250	528.3	1018.7	1991	120.6	1966	253.6	719.2	1991	23.2	1994	44	2013	27	36.9

表 D. 13　宿迁单站主汛期(6—8 月)及梅汛期基本气候特征值

站点	站号	主汛期平均降水量/mm	主汛期降水量极值				梅汛期降水量					高温日数极值		连续高温日数极值	
			最大/mm	年份	最小/mm	年份	平均/mm	最大/mm	年份	最小/mm	年份	日数/d	年份	日数/d	平均日最高气温/℃
宿迁	58131	519.1	1063.2	2003	172.1	1999	202.9	718.7	2020	4.5	2005	33	1967	13	36.9
沭阳	58038	529.7	1067.9	2003	244.8	1999	195.4	809.9	2020	6.2	1961	24	2022	11	37.2
泗阳	58132	548.6	1140	2021	152.9	1966	230.7	573.8	2003	10.4	1961	32	2022	15	37.0
泗洪	58135	518.8	1071.9	1965	193.8	1994	227.0	686.5	2007	4.7	1994	33	1967	15	37.8

附录 E

表 E.1 南京单站 1 h 降水量极值表

站点	站号	1 h 降水量极值/mm	出现日期
南京	58238	86.1	2022 年 6 月 24 日
浦口	58237	71.5	2022 年 6 月 24 日
六合	58235	81.2	2020 年 9 月 1 日
溧水	58340	86.5	2009 年 7 月 21 日
高淳	58339	86.8	2006 年 8 月 2 日

表 E.2 无锡单站 1 h 降水量极值表

站点	站号	1 h 降水量极值/mm	出现日期
无锡	58354	76.9	1968 年 8 月 15 日
江阴	58351	93.0	1975 年 9 月 13 日
宜兴	58346	106.7	2011 年 6 月 24 日

表 E.3 徐州单站 1 h 降水量极值表

站点	站号	1 h 降水量极值/mm	出现日期
徐州	58027	87.0	1997 年 7 月 17 日
丰县	58012	97.4	1978 年 8 月 8 日
沛县	58013	82.2	1978 年 8 月 8 日
睢宁	58130	84.1	1965 年 7 月 21 日
邳州	58026	102.2	1993 年 8 月 5 日
新沂	58035	82.5	1993 年 8 月 5 日

表 E.4 常州单站 1 h 降水量极值表

站点	站号	1 h 降水量极值/mm	出现日期
常州	58343	106.4	2012 年 8 月 10 日
金坛	58342	112.5	2021 年 7 月 10 日
溧阳	58345	121.2	1965 年 8 月 21 日

表 E.5 苏州单站 1 h 降水量极值表

站点	站号	1 h 降水量极值/mm	出现日期
苏州	58349	121.8	1993 年 7 月 26 日
张家港	58353	87.3	2011 年 8 月 13 日
常熟	58352	95.2	2008 年 8 月 16 日
昆山	58356	78.9	2009 年 8 月 21 日
太仓	58377	91.5	1984 年 8 月 1 日
吴江	58359	75.6	1985 年 9 月 18 日
东山	58358	79.0	2008 年 8 月 15 日

表 E.6 南通单站 1 h 降水量极值表

站点	站号	1 h 降水量极值/mm	出现日期
南通	58259	104.7	2021 年 10 月 10 日
海安	58254	79.2	1992 年 8 月 6 日
如皋	58255	169.4	2019 年 7 月 18 日
如东	58264	91.2	1983 年 7 月 2 日
通州	58268	90.6	2020 年 8 月 29 日
吕泗	58265	94.7	1999 年 8 月 1 日
启东	58269	106.9	1977 年 8 月 11 日
海门	58360	92.8	2018 年 9 月 16 日

表 E.7　连云港单站 1 h 降水量极值表

站点	站号	1 h 降水量极值/mm	出现日期
连云港	58044	110.7	2019 年 7 月 6 日
赣榆	58040	101.9	1980 年 8 月 12 日
东海	58036	91.1	1984 年 7 月 21 日
灌云	58047	138.5	2012 年 8 月 10 日
灌南	58048	99.2	2015 年 8 月 7 日

表 E.8　淮安单站 1 h 降水量极值表

站点	站号	1 h 降水量极值/mm	出现日期
淮安	58141	95.1	2001 年 7 月 30 日
涟水	58140	102.8	2016 年 6 月 23 日
洪泽	58139	86.3	2008 年 7 月 22 日
金湖	58147	89.1	2011 年 7 月 11 日
盱眙	58138	113.6	1975 年 9 月 11 日
淮安区	58145	95.6	2006 年 7 月 21 日

表 E.9　盐城单站 1 h 降水量极值表

站点	站号	1 h 降水量极值/mm	出现日期
盐城	58154	106.4	2006 年 7 月 4 日
东台	58251	87.6	1965 年 8 月 21 日
大丰	58158	82.5	1964 年 8 月 18 日
建湖	58146	97.0	1974 年 7 月 12 日
射阳	58150	100.7	1973 年 7 月 26 日
阜宁	58143	117.9	2006 年 8 月 6 日
滨海	58049	108.9	1985 年 8 月 21 日
响水	58045	147.2	2000 年 8 月 30 日

表 E.10　扬州单站 1 h 降水量极值表

站点	站号	1 h 降水量极值/mm	出现日期
扬州	58245	95.6	1975 年 7 月 21 日
宝应	58148	80.3	1991 年 6 月 29 日
高邮	58241	79.8	2004 年 8 月 9 日
江都	58244	80.1	2021 年 7 月 28 日
仪征	58242	74.6	1975 年 7 月 21 日

表 E.11　镇江单站 1 h 降水量极值表

站点	站号	1 h 降水量极值/mm	出现日期
镇江	58252	85.2	2021 年 7 月 28 日
丹阳	58341	117.0	2000 年 6 月 23 日
扬中	58247	82.8	2021 年 7 月 29 日
句容	58344	76.8	2006 年 8 月 2 日

表 E.12　泰州单站 1 h 降水量极值表

站点	站号	1 h 降水量极值/mm	出现日期
泰州	58246	78.3	2008 年 7 月 19 日
靖江	58257	91.3	2013 年 8 月 24 日
泰兴	58249	98.0	1995 年 8 月 18 日
兴化	58243	89.8	1991 年 6 月 29 日
姜堰	58250	94.4	1995 年 9 月 8 日

表 E.13　宿迁单站 1 h 降水量极值表

站点	站号	1 h 降水量极值/mm	出现日期
宿迁	58131	91.1	1974 年 8 月 13 日
沭阳	58038	108.9	1993 年 8 月 5 日
泗阳	58132	78.1	2011 年 7 月 25 日
泗洪	58135	122.4	2018 年 7 月 27 日

附录 F

表 F.1　月、季气候预测检验评分方法

F.1　趋势异常综合检验方法

趋势异常综合检验方法是针对气候趋势预测和异常级预测结果设不同权重来综合进行检验评分的方法。其检验评分比较直观，在趋势项预测正确得分的基础上，仍可获得异常项预测正确得分，相当于对预测异常给予鼓励，其预测评分能相对反映气候预测能力和水平。

趋势预测即为预测对象距平/距平百分率正负符号的预测。当预测与实况的符号相同(0 代表正)时，表示趋势预测正确。异常级预测是指对降水距平百分率超过(包含)±20%，气温距平超过(包含)±1 ℃的预测。

(1)趋势异常综合检验方法的计算公式

$$P_s=\frac{a\times N_0+b\times N_1+c\times N_2}{(N-N_0)+a\times N_0+b\times N_1+c\times N_2+M}\times 100 \tag{F.1}$$

式中，P_s 为趋势异常综合评分，N_0 为气候趋势预测正确的站数；N_1 为一级异常预测正确的站数；N_2 为二级异常预测正确的站数；M 为没有预报二级异常而实况出现降水距平百分率≥100%或等于−100%、气温距平≥3 ℃或≤−3 ℃的站数(以下简称漏报站)；a、b 和 c 分别为气候趋势项、一级异常项和二级异常项的权重系数，本办法分别取 $a=2,b=2,c=4$。

(2)检验评分的计算步骤

①逐站判定预测的趋势是否正确，统计出趋势预测正确的总站数 N_0。

②逐站判定一级异常预测是否正确，统计出一级异常预测正确的总站数 N_1。

③逐站判定二级异常预测是否正确，统计出二级异常预测正确的总站数 N_2。

④逐站判定是否为漏报站，并统计漏报站数 M。

⑤ 统计实际参加评分的站数 N，即规定参加考核站数减去实况缺测的站数。

⑥计算 P_s。

$$P_s=\frac{2\times N_0+2\times N_1+4\times N_2}{N+N_0+2\times N_1+4\times N_2+M}\times 100 \tag{F.2}$$

F.2　相关系数检验方法

该方法是对气候趋势预测产品的相关性进行检验，其表征了预报场和实况场的相关程度，其相关系数的大小能表征预报场与实况场的高低中心的配置情况，在一定程度上反映了预测结果的准确率和预测方法的优劣，是国际通行的预测评估方法之一。对降水、气温的预

测检验评估主要使用降水距平百分率和平均气温距平计算其相关系数。

具体计算方法：

$$C_c = \frac{\sum_{i=1}^{N}(\Delta R_{fi} - \overline{\Delta R_f})(\Delta R_{0i} - \overline{\Delta R_0})}{\sqrt{\sum_{i=1}^{N}(\Delta R_{fi} - \overline{\Delta R_f})^2 \sum_{i=1}^{N}(\Delta R_{0i} - \overline{\Delta R_0})^2}} \tag{F.3}$$

式中，C_c 为相关系数，ΔR_{fi} 为各站降水距平百分率（或平均气温距平）的预报值；$\overline{\Delta R_f}$为区域内所有站降水距平百分率（或平均气温距平）预报值的平均值；ΔR_{0i} 为各站观测值的降水距平百分率（或平均气温距平）值；$\overline{\Delta R_0}$为区域内所有站观测值的降水距平百分率（或平均气温距平）的平均值；N 为实际参加评估的总站数。

注：当某区域各站预报值都一样时，无法计算 C_c，此时 C_c 标注为 999。建议在业务应用中尽量不出现该情况，给出预报值时各站要有一定差异，以反映出高低中心的配置。

参考文献

陈汉耀，1957．1954年长江淮河流域洪水时期的环流特征[J]．气象学报(1)：1-12．

陈菊英，1991．中国旱涝的分析和长期预报研究[M]．北京：中国农业出版社．

陈丽娟，李维京，张培群，等，2003．降尺度技术在月降水预报中的应用[J]．应用气象学报(6)：648-655．

陈艺敏，钱永甫，2004．116a长江中下游梅雨的气候特征[J]．南京气象学院学报(1)：65-72．

董文杰，1996．我国夏季降水异常的统计分析、模式研究及预测方法探讨[D]．兰州：兰州大学．

方建刚，白爱娟，陶建玲，等，2005．2003年陕西秋季连阴雨降水特点及环流条件分析[J]．应用气象学报(4)：509-517．

冯明，邓先瑞，吴宜进，1996．湖北省连阴雨的分析[J]．长江流域资源与环境(4)：92-97．

龚道溢，2003．北极涛动对东亚夏季降水的预测意义[J]．气象(6)：3-6．

龚道溢，朱锦红，王绍武，2002．长江流域夏季降水与前期北极涛动的显著相关[J]．科学通报(7)：546-549．

顾伟宗，陈丽娟，张培群，等，2009．基于月动力延伸预报最优信息的中国降水降尺度预测模型[J]．气象学报，67(2)：280-287．

胡景高，周兵，徐海明，2013．近30年江淮地区梅雨期降水的空间多型态特征[J]．应用气象学报，24(5)：554-564．

黄建平，王绍武，1991．相似-动力模式的季节预报试验[J]．中国科学(B辑 化学 生命科学 地学)(2)：216-224．

姜爱军，田心如，王冰梅，1997．连阴雨灾害评估模型的研究[J]．灾害学(2)：49-53．

蒋薇，高辉，2013．21世纪长江中下游梅雨的新特征及成因分析[J]．气象，39(9)：1139-1144．

蒋薇，宋连春，王式功，等，2009．长江三角洲夏季降水异常及气候成因[J]．气象科学，29(3)：355-361．

蒋薇，孙国武，陈伯民，等，2011．江苏省汛期强降水过程的延伸期预报试验[J]．气象科学，31(增刊)：24-30．

蒋薇，刘芸芸，陈鹏，等，2021．利用深度神经网络和先兆信号的江苏夏季降水客观预测方法[J]．气象学报，79(6)：1035-1048．

李崇银，顾薇，潘静，2008．梅雨与北极涛动及平流层环流异常的关联[J]．地球物理学报(6)：1632-1641．

刘芸芸，丁一汇，2008．印度夏季风的爆发与中国长江流域梅雨的遥相关分析[J]．中国科学(D辑：地球科学)(6)：763-775．

吕军，张静，刘健，等，2006．江苏省夏季降水时空分布演变特征[J]．气象，32(6)：48-52．

马音，陈文，冯瑞权，等，2012．我国东部梅雨期降水的年际和年代际变化特征及其与大气环流和海温的关系[J]．大气科学，36(2)：397-410．

毛文书，王谦谦，李国平，等，2008．近50 a江淮梅雨的区域特征[J]．气象科学(1)：68-73．

牛若芸,苏爱芳,马杰,等,2011. 典型南涝(旱)北旱(涝)梅雨大气环流特征差异及动力诊断分析[J]. 大气科学,35(1):95-104.

濮梅娟,刘聪,杨金彪,等,2017.江苏省天气预报技术手册[M]. 北京:气象出版社.

任宏利,丑纪范,2007. 动力相似预报的策略和方法研究[J]. 中国科学(D辑:地球科学)(8):1101-1109.

沈金姝,1993. 1991年江苏梅雨期内水汽输送特征的诊断分析[J]. 气象科学(2):174-181.

史培军,孔锋,方佳毅,2014.中国年代际暴雨时空变化格局[J].地理科学,34(11):1281-1290.

孙国武,陈葆德,刘晓东,1992.青藏高原大气低频振荡与黄河上游水量丰沛的关系[J].高原气象,11(1):107-112.

孙国武,信飞,陈伯民,等,2008.低频天气图预报方法[J]. 高原气象,27(S1):64-68.

陶诗言,徐淑英,1962. 夏季江淮流域持久性旱涝现象的环流特征[J].气象学报 (1):1-10.

王芬,曹杰,李腹广,等,2015.贵州不同等级降水日数气候特征及其与降水量的关系[J].高原气象,34(1):145-154.

王建新,1989. 长江中下游地区梅雨期雨量场与500百帕月平均高度场的相关分析[J]. 气象科学(3):311-321.

王建新,龚佃利,施能,1994. 我国梅雨降水的气候分布、客观分型及周期振荡特征[J]. 气象科学(1):46-52.

吴洪颜,高苹,赵凯,2003. 春季连阴雨对江苏省夏收作物产量的影响[J]. 灾害学(3):48-51.

吴仁广,陈烈庭,1994. 长江中下游地区梅雨期降水与全球500 hPa环流的关系[J]. 大气科学(6):691-700.

吴志伟,何金海,韩桂荣,等,2006. 长江中下游梅雨与春季南半球年际模态(SAM)的关系分析[J]. 热带气象学报(1):79-85.

项瑛,程婷,王可法,等,2011. 江苏省连阴雨过程时空分布特征分析[J]. 气象科学,31(S1):39-42.

项瑛,卢鹏,程婷,等,2016. 近54 a江苏梅雨演变特征及2014年梅雨监测分析[J]. 气象科学,36(5):681-688.

项瑛,张余庆,许琪,等,2019. 江苏省主要气象灾害时空分布及演变特征分析[J]. 中国农学通报,35(19):112-119.

项瑛,巩庆,艾文文,等,2020. 江苏省夏季暴雨的时空变率特征及其与不同类型ENSO的联系[J]. 气象科学,40(2):180-190.

徐家良,1992. 长江中下游梅雨期旱涝的OLR场特征[J]. 气象科学(3):320-325.

徐群,1998. 近46年江淮下游梅雨期的划分和演变特征[J]. 气象科学(4):316-329.

杨杰,赵俊虎,郑志海,等,2012. 华北汛期降水多因子相似订正方案与预报试验[J]. 大气科学,36(1):11-22.

于文金,阎永刚,邹欣庆,2012.太湖流域暴雨时空特征研究[J].自然资源学报,27(5):766-777.

于文金,周鸿渐,占达颖,2013等.长江流域旱涝灾害特征研究[J].灾害学,28(3):42-47.

张宝堃,1934.中国四季之分布[J].地理学报,1(1):29-74.

张汉琳,1985. 长江中下游丰枯梅雨环流配置及其前期演变特征[J]. 大气科学(1):92-100.

张琴,姚秀萍,寿绍文,2011. 梅雨期西太平洋副热带高压异常东退与东风带扰动关系的合成诊断分析[J]. 大气科学,35(1):29-40.

赵振国,1999.中国夏季旱涝及环境场[M].北京:气象出版社.

赵振国,朱艳峰,柳艳香,等,2008. 1880—2006年中国夏季雨带类型的年代际变化特征[J]. 气候变化研究进展(2):95-100.

郑志海,黄建平,封国林,等,2013. 延伸期可预报分量的预报方案和策略[J]. 中国科学:地球科学,43(4):594-605.

钟元,吴钟浚,1992. 长江中下游地区春季连阴雨-连晴天气过程的中期振荡[J]. 气象学报(2):199-209.

周曾奎,1992. 1991 年异常梅雨和连续暴雨的环流特征[J]. 气象(8):27-32.

周曾奎,1996. 江淮梅雨[M]. 北京:气象出版社.

GAO L H,WEI F Y,YAN Z W,et al,2019. A study of objective prediction for summer precipitation patterns over eastern china based on a multinomial logistic regression model[J]. Atmosphere,10(4):213.

SCHMIDHUBER J,2015. Deep learning in neural networks:An overview[J]. Neural Netw, 61:85-117.

SHANKS J L,1967. Recursion filters for digital processing [J]. Geophysics,32:31-33.

THOMPSON D W J, WALLACE J M,2000. Annular modes in the extratropical circulation. Part II:Trends [J]. Journal of Climate, 13(5):1018-1036.

TONG X,YAN Z W,XIA J J, et al,2019. Decisive atmospheric circulation indices for July-August precipitation in North China based on tree models[J]. Journal of Hydrometeorology, 20(8):1707-1720.

TORRENCE C,COMPO G P,1998. A practical guide to wavelet analysis[J]. Bulletin of the American Meteorological Society, 79.

WEI W G,YAN Z W,JONES P D,2020. A decision-tree approach to seasonal prediction of extreme precipitation in eastern China[J]. International Journal of Climatology, 40(1):255-272.